Praxistipps IT

# Data Analytics in der Wirtschaftsprüfung

## Ein praktischer Leitfaden für die Durchführung von Datenanalysen

Jasmin Vahidi / Michael Kapitza

IDW VERLAG GMBH

Das Thema Nachhaltigkeit liegt uns am Herzen:

Die IDW Verlag GmbH ist ein Unternehmen des Instituts der Wirtschaftsprüfer in Deutschland e. V. (IDW).

Satz: Reemers Publishing Services GmbH, Krefeld
Druck und Bindung: C.H.Beck, Nördlingen
KN 11851/0/0



ISBN 978-3-8021-2435-8

Bibliografische Information der Deutschen Bibliothek
Die Deutsche Bibliothek verzeichnet diese Publikation in der Deutschen Nationalbibliografie; detaillierte bibliografische Daten sind im Internet über http://www.d-nb.de abrufbar.

Coverfoto: www.istock.com/monsitj

www.idw-verlag.de

# Inhaltsverzeichnis

# 1 Einleitung

Die digitale Abbildung von Geschäftsvorfällen erzeugt eine täglich zunehmende Menge an Massendaten, die es zu erfassen, einzuordnen, zu verdichten, auszuwerten und zu dokumentieren gilt. Technologiefortschritte wie die Industrie 4.0, besonders das Internet der Dinge (IoT), beschleunigen die Datenproduktion zusätzlich. Das gesteigerte Informationsbedürfnis einerseits sowie andererseits die Notwendigkeit, in einer schnelllebigen Welt Daten zeitnah und mit hohem Sicherheitsgrad auszuwerten, geben dem Thema „Data Analytics" eine wachsende Bedeutung. Dies betrifft nicht nur den Berufsstand der Wirtschaftsprüfer, sondern zieht sich wie ein roter Faden durch alle Produktions- und Dienstleistungsunternehmen weltweit. Das vorliegende Buch fokussiert sich vor allem auf rechnungslegungsnahe Bereiche der Datenanalyse, insbesondere den Bereich der Abschlussprüfung.

Die Analyse von großen Datenmengen jedweder Art hat in den letzten Jahren gerade im Berufsstand der Wirtschaftsprüfer eine sehr hohe Dynamik erfahren. Allenthalben wird erwartet, dass Datenanalysen in Zukunft in erheblichem Maße weiter an Bedeutung gewinnen. Gerade der Wirtschaftsprüfer ist daher – und zwar unabhängig von Art und Größe seines Mandantenportfolios – de facto gezwungen, sich mit dem Thema intensiv auseinanderzusetzen. Die rasante Entwicklung spiegelt sich auch in den vom Berufsstand verabschiedeten Grundsätzen wider.

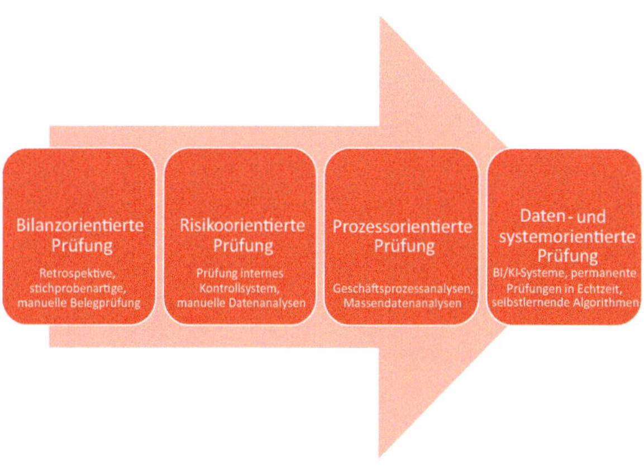


**Abb. 1.1:** Veränderung des Prüfansatzes, Darstellung der Wirtschaftsprüferkammer (WPK)

Führt man diesen Zeitstrahl gedanklich fort, so wird erkennbar, dass die Rechnungslegung künftig noch mehr zukunftsbezogene Aussagen treffen soll, aber auch der Abschlussprüfer hierauf mit mehr zukunftsbezogenen Prüfungshandlungen reagieren muss. Dieses Erfordernis wird weit über die heute obligatorische Prüfung des Prognoseberichtes hinausgehen.

Vielmehr bedeutet eine zukunftsbezogene Prüfungshandlung beispielsweise, dass bei der Prüfung der Werthaltigkeit von Forderungen vom Abschlussprüfer erwartet wird, eine mögliche Prognose zur Werthaltigkeit abgeben zu können. Es liegt auf der Hand, dass dies nicht mehr durch eine einfache Saldenbestätigungsaktion dargestellt werden kann. Gerade der aktuelle Fall Wirecard zeigt, dass strukturierte, aber auch einfach gehaltene Analysemodelle Anomalien in Jahresabschlüssen aufdecken können und dem Abschlussprüfer die Möglichkeit geben, seine Prüfungsstrategie auf effiziente und zielführende Weise zu entwickeln.

Die Auswertung der Grundgesamtheit, die oft bis zu mehrere Millionen Datensätze umfasst, benötigt IT-gestützte Methoden und insbesondere Datenanalyseprogramme. Im Laufe der Jahre haben die Leistungsfähigkeit der Rechner, die höhere Speicherkapazität sowie die erleichterte Handhabung von Analysetools es ermöglicht, Datenanalysen für jedermann zugänglich zu machen.

Im Berufsbild des Wirtschaftsprüfers werden Datenanalysen eine immer größere Rolle spielen. Die Möglichkeit, eine Vollprüfung über den gesamten Datenbestand auszuführen, statt lediglich einzelne Stichproben zu ziehen, stellt einen der größten Vorteile von Datenanalysen dar. Desgleichen bieten einmal erstellte Datenanalysen die Möglichkeit, diese in ein automatisiertes und routiniertes Verfahren zu überführen, was dem Prüfer in den Folgejahren eine große Zeitersparnis bringen kann. Das Auffinden von Anomalien und die gezieltere Ziehung von Einzelbelegen runden die Vorteile ab.

Neben der Unterstützung der Entscheidungsprozesse dienen Datenauswertungen als Grundlage für zahlreiche weitere Anwendungen wie Zertifizierungen, die Überprüfung der Einhaltung von Compliance-Richtlinien und rechtlicher Vorgaben, für Kontrollen, regulatorische Zwecke und vieles mehr. Das wichtigste Ziel der Datenanalyse ist es, aus den vorhandenen Daten durch Anwendung verschiedener Methoden und Analyseverfahren die jeweils benötigten Erkenntnisse oder Informationen zu gewinnen.

Die Begriffe Datenanalyse oder Datenauswertung beschreiben dabei den Prozess, die benötigten Informationen aus Rohdaten zu gewinnen. Dabei kommen verschiedene Methoden und statistische Analyseverfahren zum Einsatz. Die gewonnenen Erkenntnisse werden in Form von Metriken und Datenvisualisierungen anschaulich dargestellt.

Mit Datenanalysen gewinnen Sie Erkenntnisse aus Daten. Sie können sie extrahieren, transformieren und zentralisieren, um Muster, Beziehungen, Trends, Korrelationen und Anomalien zu entdecken und zu analysieren bzw. eine Theorie oder Hypothese zu validieren. Früher wurden Daten analysiert, um zukünftige Entscheidungen zu treffen; heute können Sie Daten analysieren, um Entscheidungen in Echtzeit zu treffen. Ebenfalls ist es Ihnen möglich, neue Trends zu erkennen und Einblicke zu erhalten, die mit herkömmlichen Datenprozessen nicht möglich gewesen wären.

Organisationen agieren in einem sehr dynamischen und internationalen Umfeld. Dies verlangt vom Abschlussprüfer eine ständige Anpassung an neue Entwicklungen.

Neben der Automatisierung des Arbeitsablaufs bei der Finanzprüfung (z.B. elektronische Prüfungsdateien) beginnen Wirtschaftsprüfer in der Regel mit der Durchführung einiger Datenanalysen von Transaktionen (z.B. Analyse von Journalbuchungen): ein guter Schritt nach vorn, der beispielsweise dabei hilft, die steigende Anzahl an regulatorischen Anforderungen zu erfüllen. Allerdings wird der Ansatz der Abschlussprüfung im Zeitablauf häufig nicht aktualisiert oder angepasst (frei nach dem Motto „Hoch lebe das Vorjahr!“), und die wirklichen Vorteile der Anwendung von Datenanalysen werden noch nicht voll ausgeschöpft. Daher ist ein neuer Ansatz gefragt, der in der Literatur als „datengetriebene dynamische Prüfung“ bezeichnet wird. Tatsächlich findet sich dieser Ansatz bereits heute vielfach in den IDW Prüfungsstandards verankert. Diese verlangen schließlich eine revolvierende Prüfungsplanung und -durchführung.

Datenanalyse heißt dabei – und dies bringt uns bereits zum ersten Aspekt, den es aufzugreifen gilt – nicht nur, ein paar Abschlussbuchungen durch ein Tool „zu schicken“ oder die bisherige Stichprobenziehung durch ein Tool durchführen zu lassen. Datenanalyse bedeutet vielmehr, den Prüfungsprozess so zu beleuchten, dass die Effizienz- und Wissenslücken erkannt und durch sinnvolle Analysen gefüllt werden.

Dieses Buch soll jedem Berufskollegen einen einfachen Zugang zum Thema Datenanalyse bieten und ihm die ersten Werkzeuge für seinen Baukasten an die Hand geben, um insbesondere die eigenen Rüst- und Aufbauzeiten zu reduzieren.

Der Leser ist dazu eingeladen, Einblick in unsere Gedanken, was wir im praktischen Alltag unter Datenanalyse und Datenauswertung verstehen, zu gewinnen. Wir stellen Ihnen relevante Methoden und Verfahren für die statistische Analyse vor, beleuchten den Analyseprozess in der Praxis und bringen Ihnen abschließend die Vorteile moderner Datenanalysesoftware näher.

Wir wünschen viel Spaß bei der Lektüre.

# 2 Datenanalysen in IDW Prüfungsstandards und ISA

Datenanalyse als modernes Buzz-Word findet sich in vielen Prüfungsstandards und Prüfungshinweisen des Berufsstandes wieder.

Im IDW Prüfungshinweis: Einsatz von Datenanalysen im Rahmen der Abschlussprüfung (IDW PH 9.330.3) wird ausdrücklich darauf hingewiesen, dass Datenanalysen als IT-gestützte Prüfungstechnik einen wesentlichen Beitrag zur Prüfungssicherheit beim Einsatz IT-gestützter Systeme und Prozesse leisten können.

Weiterhin heißt es in dem Prüfungshinweis, dass Datenanalysen für die Wirtschaftlichkeit der Abschlussprüfungen eine wesentliche Rolle spielen, da durch sie Prüfungshandlungen automatisiert und der manuelle Prüfungsumfang zur Gewinnung hinreichender Prüfungssicherheit insgesamt reduziert werden kann. Dies ist kein Neuland, vergegenwärtigt man sich, dass der Prüfungshinweis aus dem Jahre 2010 stammt.

Ausgangsbasis der Analysen im Rahmen der Jahresabschlussprüfung sind rechnungsrelevante Datengrundlagen. Rechnungsrelevante Daten i.S.d. IDW PS 330 n.F. umfassen dabei insbesondere:

- Buchungen und Geschäftsvorfälle,
- Konten und Journale (Haupt- und Nebenbücher) sowie
- ergänzende Aufstellungen und Auswertungen des zu prüfenden Unternehmens mit Bezug zur Rechnungslegung.

**Beispiel**

Spannend sind gerade aus Sicht der Datenanalyse die unter dem letzten Punkt genannten Daten. Dies sei bespielhaft für den Bereich Einkauf erklärt:

Typischerweise erhält man durch Auswertung von GoBD[1]-Datensätzen ein recht gutes Bild der Kreditoren und Materialaufwendungen. Durch eine Verknüpfung mit zusätzlichen Daten aus dem Einkaufs-

[1] Grundsätze zur ordnungsmäßigen Führung und Aufbewahrung von Büchern, Aufzeichnungen und Unterlagen in elektronischer Form sowie zum Datenzugriff (GoBD), Details unter Kapitel 7.2.

bereich können diese wiederum sehr gut plausibilisiert und mit weiteren Details angereichert werden, um durch die gewonnenen Informationen das Ziel der Prüfungshandlung zu unterstützen.

So umfassen moderne ERP-Systeme meistens wesentlich mehr Detaildaten wie Bestellwesen, Lieferantenbewertungen, Einkaufs- oder Lieferpläne. Erst unter Hinzuziehung dieser Daten kann man ein ganzheitliches Bild gewinnen. Die Bedeutung dieser, nennen wir sie der Einfachheit halber in diesem Kontext „Sekundärdaten" wird deutlich, wenn man sich die Informationen vor Augen führt, die traditionell ohnehin (gerade bei kleinen und mittleren Unternehmen) nicht im Hauptbuch, sondern in Nebenbüchern geführt werden. Ein typisches Beispiel sind Sicherungsgeschäfte. Vielfach werden nur Salden übergeben; sie unter den geforderten Gesichtspunkten auszuwerten, bringt an dieser Stelle schlichtweg nichts.

Weiterhin können nach IDW PH 9.330.3 Gegenstand von Datenanalysen im Rahmen von Abschlussprüfungen – insbesondere in Verbindung mit IT-Prüfungen innerhalb von Jahresabschlussprüfungen – Daten zur Steuerung und Überwachung von IT-Systemen sein, insbesondere Daten aus

- der Anpassung von IT-Anwendungen und IT-gestützten Geschäftsprozessen (z.B. Parametrisierung von ERP-Systemen),
- der Steuerung und Überwachung der IT-Infrastruktur (z.B. System- und Sicherheitsparameter, Logprotokolle über die Änderungen von Systemeinstellungen, parametergesteuerte IT-Systemkontrollen),
- der Verwaltung von Benutzerberechtigungen sowie
- dem Belegfluss und der Kontrolle von Schnittstellen.

Im vorliegenden Band beschäftigen wir uns jedoch hauptsächlich mit der Analyse von rechnungsrelevanten Daten. Die Daten zur Steuerung und Überwachung von IT-Systemen seien daher nur der Vollständigkeit halber erwähnt.

Datenanalysen können im gesamten Prüfungsprozess – von der Prüfungsplanung bis zu den abschließenden Prüfungshandlungen – eingesetzt werden. Voraussetzung hierfür ist, dass die Verarbeitung der Geschäftsvorfälle bzw. Kontrollen in elektronisch auswertbarer Form erfolgt, was angesichts der fortschreitenden Digitalisierung von Geschäftsprozessen und der Einrichtung von digitalen Workflows innerhalb der vergangenen Jahre in der Regel jedoch weitestgehend der Fall sein dürfte.

Für einen zielgerichteten und effizienten Einsatz von Datenanalysen im Rahmen der Abschlussprüfung hat sich der Abschlussprüfer zunächst einen Überblick über die Geschäftsprozesse und Kontrollen zu verschaffen, die für die Abschlussprüfung relevant und für Zwecke der Datenanalyse in besonderer Weise geeignet sind.

Bei der Erstellung des Prüfungsprogramms ist insbesondere zu klären, ob

- der Zugang zu bzw. die Verfügbarkeit von für die geplante Durchführung von Datenanalysen benötigten Daten vonseiten des Unternehmens gewährleistet wird,
- die für die Durchführung von Datenanalysen notwendigen Analysewerkzeuge und Mitarbeiter des Prüfungsteams zur Verfügung stehen sowie
- Qualitätssicherungsmaßnahmen zur Überprüfung der Analyseergebnisse vorgesehen sind.

Die Zulässigkeit der Schlussfolgerungen auf Basis von Datenanalysen ist unter anderem abhängig von

- der Art der Datenanalyse (beispielsweise Zeitreihen-, Trend-, Abweichungs- und Strukturanalysen sowie Berechnungen, Auswertungen und Aufbereitungen),
- den unterstellten mathematisch-statistischen Annahmen und Modellen (beispielsweise Benford's Law),
- dem Grad der unterstellten Korrelation der Zusammenhänge (beispielsweise Umsatzwachstum zu Materialaufwand) sowie
- der Qualität des zugrunde gelegten Datenmaterials.

Ein ähnliches Bild ergibt sich im Kontext der Prüfungshandlungen nach den ISA. Die Pflicht zur Durchführung von Datenanalysen in Form von Journal Entry Testing (JET) geht aus dem ISA 240 (respektive IDW PS 210) hervor.

Die ISA sehen dabei einen Mindestumfang von Prüfungshandlungen vor, die sich aus dem ISA 240 und ergänzenden Fehlerrisikoüberlegungen ableiten lassen:

1. Anzahl Buchungen pro Erfasser,
2. manuelle Buchungen auf „eigentliche" Automatikkonten,
3. Soll-Buchungen auf Umsatzerlöse sowie Statistik der Umsatzerlöse,
4. Buchungen mit ungewöhnlichen Buchungstexten,
5. Gegenkontenanalyse,
6. hohe Auszahlungen bei Kassenkonten,
7. zeitnahes Erfassen und zeitnahes Buchen,
8. Buchungen an Wochenenden und Feiertagen,
9. doppelte Buchungen,
10. Lückenanalyse,
11. Buchungen über Schnittstellen.

Auch hier gilt: Eine Prüfung muss nicht zwingend unter Anwendung von elektronischen Analysetools erfolgen. Im Sinne einer effizienten und zielführenden Prüfungsstrategie erscheint es jedoch geradezu alternativlos, diese Daten elektronisch auszuwerten.

Gemäß ISA 315 sind Datenanalysen in den gesamten Prüfungsverlauf zu integrieren – d.h. in die Risikobeurteilung, Prüfungsplanung, Verständnisgewinnung, Prüfung des internen Kontrollsystems bis hin zum Journal Entry Testing, aussagebezogenen Prüfungshandlungen und die Belegauswahl. ISA 315 macht dabei explizit keine Vorgabe zum eingesetzten Analyseinstrument.

**Praxistipp:**
Sowohl die IDW Prüfungsstandards wie auch die ISA erfordern Nachvollziehbarkeit. Speichern Sie daher zu Dokumentationszwecken stets die Selektionskriterien und den Datenstand ab. Es ist sicher nicht erforderlich, die jeweiligen Rohdaten aufzuheben. Jeder Datenexport muss reproduzierbar sein. Ist das nicht der Fall, liegt ein hohes Risiko für einen GoBD-Verstoß vor.

Insgesamt scheint es eine im Berufsstand weit verbreitete Fehlannahme zu sein, dass Datenanalysen zwingend mittels Datenanalysetools erfolgen müssen. Auch Tabellenkalkulationsprogramme wie MS Excel eignen sich hervorragend zur Analyse von Datenmengen und insbesondere für den Einstieg. Für die meisten Anwender dürfte die Einsatzhürde damit gering sein; einige Grundfertigkeiten im Umgang vorausgesetzt.

Für den geübten Anwender bietet klassische Datenanalysesoftware, welche vom technischen Setup her auf die Analyse großer Datenmengen ausgelegt ist, Effizienzvorteile. Zu den unterschiedlichen Vor- und Nachteilen der einzelnen Software verweisen wir auf die Darstellung in Kapitel 10.3.

# 3 Der Mehrwert von Datenanalysen

Nach § 317 Abs. 1 HGB ist die Jahresabschlussprüfung darauf zu erstrecken, ob die gesetzlichen Vorschriften sowie die ergänzenden Bestimmungen des Gesellschaftsvertrages bzw. der Satzung eingehalten worden sind. Dabei ist die Prüfung darauf auszulegen, dass Unrichtigkeiten und Verstöße, die sich auf die Darstellung der Vermögens-, Finanz- und Ertragslage des Unternehmens wesentlich auswirken, erkannt werden. Das Ziel der Abschlussprüfung ist es, Aussagen über das Prüfungsergebnis (Prüfungsaussagen) unter Beachtung des Grundsatzes der Wirtschaftlichkeit mit hinreichender Sicherheit treffen zu können.[2] Für jeden Prüfer ergeben sich für seinen Prüfverlauf unter anderem zwei Zielgrößen:

- Die Effektivität seiner Prüfungshandlungen, die so zu wählen sind, dass darauf basierend das Prüfungsurteil mit hinreichender Sicherheit gebildet werden kann.
- Die Wirtschaftlichkeit der Prüfung, sodass mit effizienten Prüftechniken und Prüfroutinen ein hinreichendes sicheres Prüfungsurteil mit der Bedingnis, Zeit- und Personal-ressourcen zu schonen, erlangt werden kann.

Für die Erreichung beider Ziele sind Datenanalysen als unterstützendes Werkzeug vielseitig einsetzbar.

## 3.1 Steigerung der Effektivität

Nach dem risikoorientierten Prüfungsansatz muss das Risiko der Abgabe eines positiven Prüfungsurteils trotz vorhandener Fehler in der Rechnungslegung (Prüfungsrisiko) auf ein akzeptables Maß reduziert werden. Der Abschlussprüfer muss die einzelnen Komponenten des Prüfungsrisikos kennen und analysieren.[3] Hierbei geht es insbesondere darum, Fehlerrisiken (inhärente Risiken und Kontrollrisiken) zu erkennen.

Datenanalysen können im gesamten festgelegten Prüfungsprogramm in den Bereichen

---

2 IDW PS 200.
3 IDW PS 261 n.F.

- Risikobewertung,
- Prüfung des internen Kontrollsystems,
- aussagebezogene Prüfungshandlungen sowie
- Unterstützung der Stichprobenauswahl

zum Einsatz kommen und den Prüfungsprozess positiv beeinflussen.

Von Beginn einer Prüfung an können Datenanalysen, beispielsweise in der Identifizierung von geschäftlichen Risiken und der Unterstützung des Ausbaus der Kenntnis über das Unternehmen, hilfreich sein.

Datenanalysen unterstützen den Prüfer dabei, ein besseres Verständnis der Geschäftstätigkeit sowie der Struktur des Unternehmens zu gewinnen, insbesondere in Bezug auf das IT-System, die Entstehung der Daten, die Datenstruktur, die Datenablage sowie die Datenqualität des Unternehmens. All diese Kenntnisse fließen in das Prüfprogramm mit ein. Durch Einblicke in die einzelnen Geschäftsprozesse sowie den Datenfluss können insbesondere bessere Kenntnisse über die Eingabefelder und die Verarbeitung der Daten samt Plausibilitätskontrollen bis hin zur revisionssicheren Datenablage gewonnen werden, die ebenfalls eine Basis des Prüfungsurteils bilden. Die Einsichtnahme in die Datenstruktur und -ablage sowie die Möglichkeit einer Prüfung der Datenkonsistenz erlaubt es dem Prüfer, Indizien zur Aussagefähigkeit der Prozessqualität und zur Aussagekraft der Daten zu sammeln. Durch die Vertiefung der Datenkenntnis können erste Schwachstellen erkannt werden, die Hinweise zu dem zu fällenden Prüfungsurteil und zur Beurteilung der Ordnungsmäßigkeit der Buchführung beisteuern.

**Beispiel**

Durch Prüfung von Stammdatensätzen kann geprüft werden, ob die Pflege von Muss-Feldern bei der Stammdatenanlage eingehalten worden ist, indem Konsistenzprüfungen auf vollständige Datensätze ausgeführt werden. Es hilft, in der Prüfung zu erkennen, ob wesentliche Daten fehlen, die für den weiteren Geschäftsprozess essenziell sind bzw. nach gesetzlichen Vorgaben im ERP-System vorgehalten werden müssen, zum Beispiel Bankverbindungen bei Kreditoren oder Umsatzsteuer-Identifikationsnummern bei ausländischen Kreditoren und Debitoren.

Die Ausgangsbasis für die Datenanalyse im Rahmen einer Jahresabschlussprüfung sind die gesamten Buchhaltungsdaten. Das Ziel ist das Auffinden der darin enthaltenen Anomalien bzw. Auffälligkeiten. Ein Vorteil von Datenanalysen ist das Abschöpfen und Analysieren des gesamten statt nur eines Teils des Datenbestandes, auf dessen Grundlage eine verlässlichere Basis für das Prüfungsurteil geschaffen werden kann.

Da eine Vollprüfung im Sinne einer Prüfung der gesamten Buchhaltungsdaten nicht dem risikoorientierten Prüfungsansatz entspricht, behilft sich der Abschlussprüfer in der Prüfung mit der Würdigung einer Stichprobe von Geschäftsvorfällen, die er mit Prüfungsnachweisen belegt.

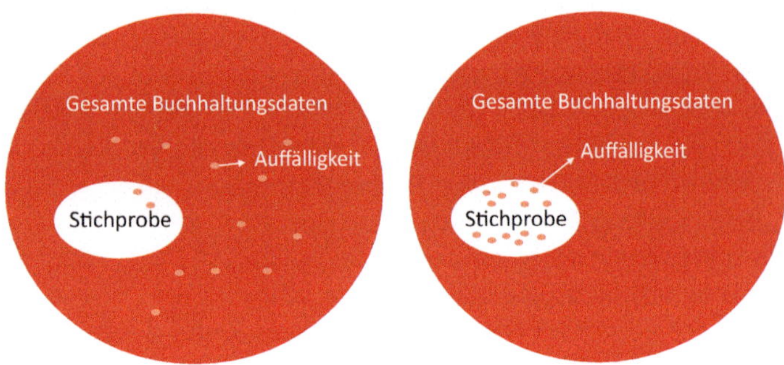


**Abb. 3.1:** Gezielte Stichprobenauswahl durch Datenanalyse

Durch eine Voranalyse mittels Datenanalysen kann die Stichprobe, die der Abschlussprüfer für die Prüfung heranzieht, gezielter gezogen werden, vorab eine Kategorisierung in unauffällige und auffällige Datensätze erfolgen und sich die Stichprobe zielgerichtet auf die Datensätze mit Auffälligkeiten richten. Die Überprüfung der Auffälligkeiten erhöht die Wahrscheinlichkeit, Schwachstellen zu ent- und Unregelmäßigkeiten aufzudecken. Weiterhin wird gewährleistet, dass jeder einzelne Datensatz der gesamten Menge durch die Datenanalyse zumindest einmal auf bestimmte Vorgaben hinterfragt worden ist.

In der Prüfung gibt es vermehrt Massentransaktionen, d.h. Geschäftsvorfälle, bei denen ein sehr hohes Volumen an Datensätzen, meist IT-gestützt, verarbeitet wird. Bei der Feststellung von Fehlerrisiken ist es nach IDW PS 261 n.F. erforderlich, dass der Abschlussprüfer Wesentlichkeitsgrade festlegt. Dabei werden als Fehler nur solche falschen Angaben bezeichnet, die wesentlich sind. Entsprechend können die einzelnen Geschäftsvorfälle der Massentransaktionen für sich betrachtet für die Prüfung unwesentlich sein, und auch eine Stichprobenprüfung mit manuellen Prüfungshandlungen würde zu keinem verwertbaren Ergebnis führen, um eine Aussagefähigkeit zu erlangen. Vor diesem Hintergrund kann es unabdingbar sein, das Prüffeld mittels geeigneter Datenauswertungen und Analysetechniken zu durchleuchten.

Ebenfalls können bestimmte Veränderungen in der Buchhaltung, wie beispielsweise ein Wechsel der Buchhaltungssoftware inklusive der notwendigen Überprüfung der Übertragung der Buchhaltungsdaten im Migrationsprozess, eine Datenanalyse erfordern, um eine Aussage über die richtige und vollständige Übertragung des Datengerüstes zu treffen. Weitere Anwendungsgebiete bestehen beispielsweise in der Überleitung und Prüfung der Konsistenz von Eröffnungsbilanzwerten oder auch von Schnittstellen zwischen Haupt- und Nebenbüchern, die eine Untersuchung jedes einzelnen Datenbestandes erfordern.

**Beispiel**

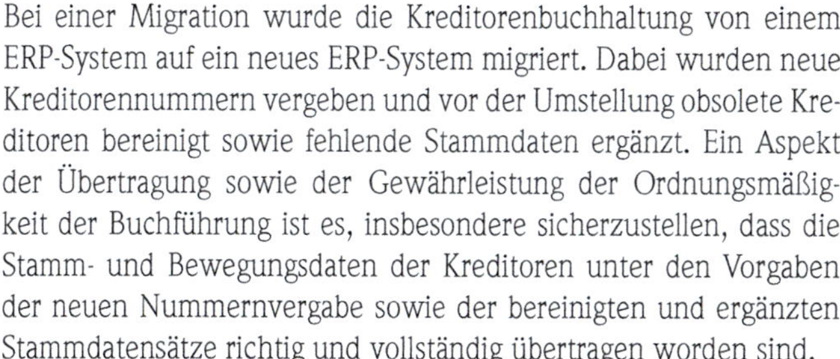

Bei einer Migration wurde die Kreditorenbuchhaltung von einem ERP-System auf ein neues ERP-System migriert. Dabei wurden neue Kreditorennummern vergeben und vor der Umstellung obsolete Kreditoren bereinigt sowie fehlende Stammdaten ergänzt. Ein Aspekt der Übertragung sowie der Gewährleistung der Ordnungsmäßigkeit der Buchführung ist es, insbesondere sicherzustellen, dass die Stamm- und Bewegungsdaten der Kreditoren unter den Vorgaben der neuen Nummernvergabe sowie der bereinigten und ergänzten Stammdatensätze richtig und vollständig übertragen worden sind.

Dazu besteht unter anderem die Notwendigkeit, die Prüfung der Kreditoren auf Einzelbasis durchzuführen, da eine Summierung beispielsweise der Höhe der offenen Posten keine Rückschlüsse darauf zulässt, ob die Höhe der Posten auch den richtigen Kreditoren zugeordnet worden ist. Es ist sicherzustellen, dass jedem Kreditor die korrespondierenden Stammdaten zugeteilt wurden und keine wesentlichen wichtigen Informationen fehlen. Dies könnte sonst im weiteren Geschäftsverlauf zu maßgeblichen Fehlern führen.

Unter Berücksichtigung der einzelnen Listen des Altsystems, der Bereinigung, der Ergänzung, des Neusystems, der Stamm- und Bewegungsdaten, die sich aus dem Beispiel ergeben, und der Notwendigkeit, eine Aussage über die richtige und vollständige Zuordnung im Neusystem zu treffen, ist ab einem gewissen Datenvolumen eine manuelle Prüfung zeitlich nicht zumutbar, sodass eine Anwendung von Datenanalysen erforderlich wird.

Nicht zuletzt werden im Zuge der Digitalisierung immer mehr Geschäftsvorfälle optimiert und dabei auch automatisiert. Beispielsweise finden Prozessautomatisierungen im Sinne der Anwendung von Robotic Process Automation (RPA) immer mehr Eingang in die Modellierung von effizienten Abläufen in der Buchführung und im Rechnungswesen, die der Prüfer ebenfalls in seiner Jahresabschlussprüfung zu beurteilen und zu bewerten hat. Entscheidend hierfür können beispielsweise die Auswertungen von Logdateien (Protokollierungen) sein, die ebenfalls mit Unterstützung von Datenanalysemethoden schneller zu einem Prüfungsurteil führen können, als dies durch manuelle Durchsicht der Fall wäre.

## 3.2 Steigerung der Wirtschaftlichkeit

Durch Datenanalysen erreicht man eine Untersuchung des gesamten Buchungsstoffes und erhält ein umfassenderes Bild, als dies durch manuelle Prüfung einzelner Buchungssätze möglich wäre. Dies beschleunigt auf der einen Seite den Prozess des Erkenntnisgewinns und ermöglicht es auf der anderen Seite, durch Vollprüfung des Datensatzes die Stichprobenauswahl gezielter zu treffen und ggf. ausschließlich auf risikobehaftete oder auffällige Datensätze zu beschränken, was zu einer Reduzierung der Sachverhaltswürdigung und Belegprüfung führen kann.

Im Umfeld von Buchhaltungssoftware und standardisierten Datensätzen sind Datenanalysen mit den richtigen Werkzeugen schnell und großflächig einsetzbar und ermöglichen einen zügigen Informationsgewinn bzw. eine Strategieempfehlung.

Datenanalyse und daran angeknüpft die Möglichkeit der Datenvisualisierung erlauben es dem Prüfer, komplexe Sachverhalte aufzubereiten und Ausreißer, Schwachstellen bzw. Muster in großen Datenmengen zu entdecken, diese zu komprimieren und damit gezielt die Risiken im Verlauf des Prüfprogramms zu untersuchen.

Werden Datenanalysemodelle erstellt, besteht die Möglichkeit, diese bei verschiedenen Prüfungen und auch für die folgenden Prüfungsjahre wiederzuverwenden, indem nur die reine Datengrundlage ausgetauscht werden muss. Es gibt zudem die Option der Automatisierung von Auswertungen, was zu einem effizienten Prüfungsverlauf führt.

**Praxistipp:**
Legen Sie sich Prüfroutinen für Standardanalysen an. Diese können Sie wie eine Art „Maske“ bzw. „Schablone“ jeweils bei anderen Mandanten einsetzen.

Nicht zuletzt können durch Datenanalysen Schwachstellen in Prozessen aufgedeckt werden, die zu weiteren Beratungsaufträgen beim Mandanten führen können. Insbesondere im Bereich der Prüfung des internen Kontrollsystems ergeben sich zahlreiche Einsatz- und Auswertungsmöglichkeiten. Eine aufwendige manuelle Auswertung („Sichtung“) entfällt dadurch.

# 4 Grundlagen der Datenanalyse

Wie bei jedem Thema bedarf es auch in Sachen Datenanalyse vor dem Lerninhalt einer eingehenden Erläuterung der Grundlagen. Für die Unterscheidungen der Arten von Fragestellungen, mit denen sich die Datenanalyse befasst, und für ein Grundverständnis der vorliegenden Daten möchten wir auf den folgenden Seiten die Basis legen. Eine umfangreiche Darstellung würde den Rahmen sprengen und ist auch nicht die Intention dieses Buches, das den Fokus vielmehr auf ein praxisnahes Verständnis von Datenanalyse legt.

Was meinen wir, wenn wir von Daten sprechen? Sucht man die Definition des Begriffs, wird man im ISO/IEC 2382-1 für Informationstechnik fündig. Danach definiert man „data" als „a reinterpretable representation of information in a formalized manner, suitable for communication, interpretation, or processing", d.h. als eine interpretierbare Darstellung von Informationen in formalisierter Art, die geeignet zur Kommunikation, Interpretation und Verarbeitung ist. Wenn wir in der vorliegenden Lektüre von Daten sprechen, meinen wir schlichtweg

- Angaben in numerischer, alphabetischer oder alphanumerischer Form,
- die bestimmte Sachverhalte oder Vorgänge beschreiben,
- aus einer elektronischen Datenverarbeitung hervorgehen,
- in strukturierter Form vorliegen und
- eine bestimmte Information wiedergeben.

Im Zuge der Digitalisierungswelle, in der wir uns befinden, können wir von einer Datenexplosion sprechen. Jeder eingescannte und mit OCR ausgelesene Beleg (z.B. Lieferschein oder Rechnung), jede empfangene oder versandte elektronische Rechnung, jeder elektronische Verarbeitungsschritt im ERP-System und jeder installierte Workflow geben als Ergebnis Daten wieder, die zur Auswertung gebracht werden können.

Essenziell für die Durchführung der Datenanalyse ist die Datengrundlage. Diese muss auf das Datenanalyseobjekt ausgerichtet gewählt werden und in einer verwertbaren Form vorliegen. Dass wie eingangs erwähnt vermehrt Geschäftsvorfälle digital abgebildet werden und damit auch vermehrt Datenbasen zur Verfügung stehen, erleichtert die Arbeit des Abschlussprüfers. Die Art der Datenablage und Datenspeicherung ist ausschlaggebend für die weitere Bearbeitung.

**Praxistipp:**
Ist für die eingesetzte Buchhaltungssoftware ein Abzug des GoBD-Datensatzes nicht vorhanden, kann alternativ auch ein „normales" Buchungsjournal generiert werden. Jedes Datenanalysetool kann einen strukturierten Datensatz einlesen und auswerten. Die Verwendung eines GoBD-Datensatzes stellt einen Komfortgewinn dar und ermöglicht bei einigen Softwareanbietern die Nutzung vorgefertigter Auswertungsmasken.

Ebenso wichtig wie die Datengrundlage ist zudem die Fragestellung, mit welchem Ziel die Datenanalyse angewandt werden soll. Dazu möchten wir im nächsten Teilkapitel gerne eine Übersicht geben.

## 4.1 Arten der Datenanalyse

Datenanalysen lassen sich nach Fragestellungen und Aussagemöglichkeiten unterscheiden. Betrachtet man die Schwierigkeit der Auswertungsform in Abhängigkeit vom Nutzen der Datenauswertung, lassen sich nach Gartner folgende Möglichkeiten der Analyse unter-scheiden:

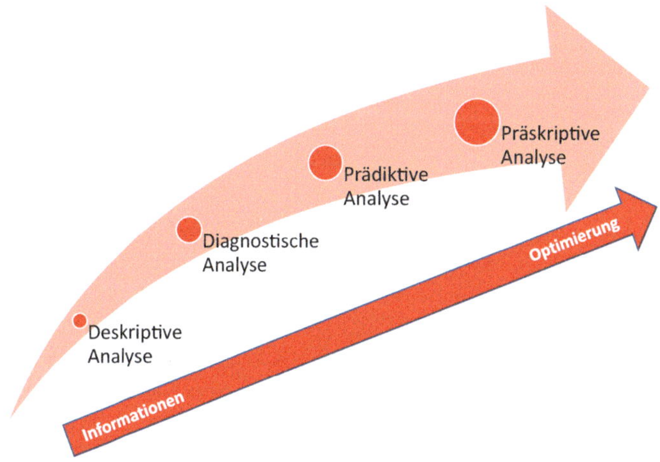


**Abb. 4.1:** Unterscheidung Datenauswertungen

Insbesondere lassen sich vier Möglichkeiten der Datenanalyse voneinander abgrenzen:

Deskriptive Analyse

Bei der deskriptiven (beschreibenden) Datenanalyse geht es um vergangenheitsorientierte Informationen aus einer Quelle, die zur Auswertung in Tabellen, Kennzahlen und Visualisierungen durch Diagramme umgewandelt werden, um die Frage *„Was ist passiert?"* klären zu können. Ein Beispiel für eine deskriptive Analyse ist die Darstellung der Umsatzerlöse im monatlichen Zeitverlauf im Vergleich zum Vorjahr, woraus sich beispielsweise eine signifikante Umsatzsteigerung erkennen lässt.

Diagnostische Analyse

Bei der diagnostische Datenanalyse geht es um die Frage *„Warum ist etwas passiert?"*. Auch diese Analyse beruht auf vergangenheitsorientierten Informationen, die jedoch nicht nur aus einer Informationsquelle stammen. Es werden aus unterschiedlichen Datenmengen Zusammenhänge identifiziert und Muster erkannt, um insbesondere die Ursachen zu klären. Ein Beispiel für die diagnostische Datenanalyse ist der Vergleich der Umsätze mit dem Kundenbestand und dem jeweiligen Transaktionsvolumen im Zeitreihenvergleich, um beispielsweise eine Umsatzsteigerung mit einer Neuakquise von Neukunden zu begründen.

Prädiktive Analyse

Bei der prädiktiven Analyse wird auf die Frage *„Was könnte in Zukunft passieren?"* abgestellt. Um Vorhersagen treffen zu können, werden sowohl aktuelle als auch historische Daten zu einem mathematischen Modell erstellt und ausgewertet, woraus sich Verhaltensmuster und Trends ableiten lassen. Die erlangten Erkenntnisse werden sodann auf die eigenen Daten angewandt, um Voraussagen treffen zu können. Neben statistischen Analysetechniken spielen auch automatisierte Algorithmen auf Datensätze eine Rolle, aus denen beispielsweise Wahrscheinlichkeiten für das Eintreten eines Ereignisses quantifiziert werden können. Ein Beispiel für prädiktive Analysen könnte beispielsweise die Prognose der Werthaltigkeit von Forderungen sein, die sich aus der Analyse des Zahlungsverhaltens von Kunden ableiten ließe.

Präskriptive Analyse

Bei der präskriptiven Analyse ist der Nutzen am höchsten. Hier wird der Frage *„Welche Maßnahmen sind zu ergreifen, um das zukünftige Ziel zu erreichen?“* nachgegangen.

Um die richtigen Handlungsalternativen aufzeigen zu können, werden durch Datenmodelle unterschiedliche Szenarien simuliert und ausgewertet, häufig findet man die Begrifflichkeiten neuronale Netze, Heuristiken und maschinelles Lernen im Zusammenhang mit den Analysetechniken wieder. Ziel der präskriptiven Analyse ist es beispielsweise, zukunftsweisend eine dynamische und individuelle Bepreisung von Dienstleistungen durch die Vorhersage der Zahlungsbereitschaft von Kunden zu eruieren.

Betrachtet man die Möglichkeiten der Data Analytics, so sieht man, dass der Trend immer mehr in die Richtung der nutzenstiftenden Analyse von Datenmengen geht und dieses Potenzial noch lange nicht ausgeschöpft wird. Dem Abschlussprüfer stehen in der Regel eine Reihe von Daten und Informationen zur Verfügung. In der Praxis zeigt sich jedoch, dass der Prüfer vorwiegend auf die bewährten vergangenheitsorientierten Datenmengen, die meist aus dem ERP-System stammen, zurückgreift und sich auf deren Auswertung konzentriert. Dies passt zum Konzept, dass der Jahresabschluss in seiner Form auf vergangenheitsorientierten Daten beruht.

Jedoch gibt es auch Jahresabschlussposten innerhalb der Finanzberichterstattung, die einer in die Zukunft gerichteten Betrachtungsweise bedürfen, nicht zuletzt beispielsweise der Prognoseteil im Lagebericht, der aufgestellte Wirtschaftsplan oder die Annahmen im Hinblick auf die Einschätzung zur Fortführung des Unternehmens (Going-Concern-Prämisse).

## 4.2 Strukturierte versus unstrukturierte Daten

Grundlage einer jeden Analyse und Auswertung sind der vorhandene Datenbestand und insbesondere die Form, in der er zur Verfügung steht. Mit der Möglichkeit des Informationsgewinns entsteht eine regelrechte Datenflut, bei der die Schwierigkeit nicht mehr darin besteht, die Daten zu finden, sondern vielmehr darin, eine Auswahl der Daten zu treffen und diese in eine auswertbare Form zu bringen.

Eine wesentliche Rolle bei der nachgelagerten Datenaufbereitung spielt insbesondere die Unterscheidung in strukturierte, halbstrukturierte und unstrukturierte Datenmengen.

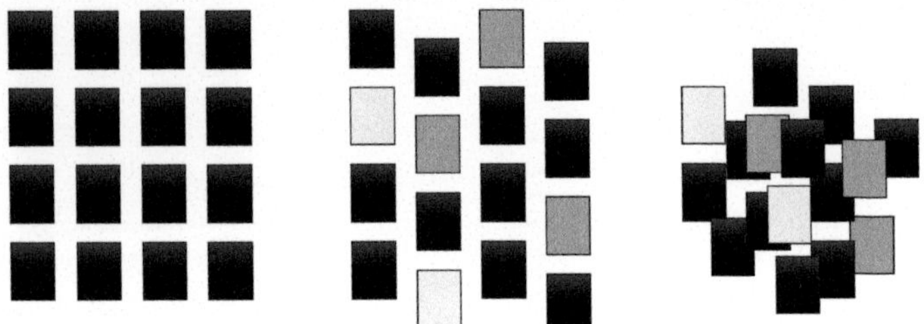

**Abb. 4.2:** Strukturierte, halbstrukturierte und unstrukturierte Daten

Strukturierte Daten

Strukturierte Daten folgen in ihrem Prozess von der Entstehung über die maschinelle Verarbeitung bis zur Vernichtung einem vordefinierten, regelbasierten, geordneten Pfad, der eine standardisierbare Form unterstützt. Meistens liegen der Aufbewahrung der Daten vordefinierte gesetzliche oder unternehmenseigene Regelungen zur Struktur zugrunde. Die empfangenen oder erzeugten Daten werden hauptsächlich in Datenbanken mit vorgegebenem Feld- und Spaltenaufbau sowie mit einer eindeutigen hinterlegten Formatierung abgelegt. Durch die strukturierte Ablage ist die Ausgabe der Daten in Tabellenform einer der wichtigsten Vorteile, weil dies eine Datengrundlage schafft, die sehr schnell identifiziert, extrahiert, bearbeitet und ausgewertet werden kann.

Die Daten aus der Finanzbuchhaltung und ihren Nebenbüchern werden in Datenbanken in strukturierter Art erfasst. Insbesondere die Vorgaben, die im BMF-Schreiben *Grundsätze zur ordnungsmäßigen Führung und Aufbewahrung von Büchern, Aufzeichnungen und Unterlagen in elektronischer Form sowie zum Datenzugriff (GoBD)* vom 28. November 2019 gemacht werden, sind von Unternehmen zu erfüllen.

Insbesondere um dem Grundsatz der Nachvollziehbarkeit und Nachprüfbarkeit nach § 145 Abs. 1 AO, § 238 Abs. 1 S. 2 und S. 3 HGB zu genügen, muss die Buchführung so beschaffen sein, dass sie einem sachverständigen Dritten innerhalb angemessener Zeit einen Überblick über die Geschäftsvorfälle vermittelt. Die einzelnen Geschäftsvorfälle müssen sich in ihrer Entstehung und Abwicklung lückenlos verfolgen lassen (progressive und retrograde Prüfbarkeit).

Die progressive Prüfung beginnt beim Beleg, geht über die Grundbuchaufzeichnungen und Journale zu den Konten, danach zur Bilanz mit Gewinn- und Verlustrechnung, die retrograde Prüfung verläuft umgekehrt.[4]

Um den Anforderungen gerecht zu werden, eignet sich eine strukturierte Ablage der Geschäftsvorfälle. Das erzeugt die Möglichkeit der einfachen Extraktion und Auffindbarkeit im System, was beispielsweise durch die Datenträgerüberlassung, den sogenannten Z3-Zugriff, und im Regelfall auch durch Erzeugung eines GoBD-(vormals GdPDU-)Datensatzes erlaubt wird. Zu näheren Informationen diesbezüglich verweisen wir auf Kapitel 7.2.

Strukturierte Daten dienen in der Jahresabschlussprüfung seit Jahren als Grundlage für die Anwendung von Datenanalysen und Prüfverfahren. Buchhaltungsdaten liegen meist in strukturierter Form in Datenbanken vor.

Relevante Systeme, die als Quellen für die Datenbeschaffung dienen können, sind unter anderem:

- die Stammdatenverwaltung,
- die Kreditorenbuchhaltung,
- die Debitorenbuchhaltung,
- das Nebenbuch zum Anlagevermögen,
- die interne Kostenrechnung,
- die Zahlungsdaten von Banktransaktionen,
- die Produktionsdaten,
- die Vertriebsdaten,
- der Vorratsbestand,
- die Einkaufsdaten,
- die Kundeninformationen sowie
- die Personalbuchhaltung.

[4] BMF-Schreiben zu den Grundsätzen zur ordnungsmäßigen Führung und Aufbewahrung von Büchern, Aufzeichnungen und Unterlagen in elektronischer Form sowie zum Datenzugriff (GoBD) vom 28. November 2019.

Unstrukturierte Daten

Der größte Teil der Datenmenge, die zur Verfügung steht, folgt keinem starren Muster und lässt sich als „unstrukturierte Daten“ kategorisieren. Unstrukturierten Daten liegen keine vordefinierten Prozesse und Gesetzmäßigkeiten in ihrem Datenlebenszyklus zugrunde. Sie werden meist in ihrem nicht eindeutig definierten, ursprünglich nativen Dateienformat gespeichert und stehen in der Form für die weitere Verarbeitung zur Verfügung. Klassischer Vorteil bei unstrukturierten Daten ist, dass Sie in ihrer Urform, also unzensiert und unverarbeitet, zur Verfügung stehen. Die Speicherung und Ablage von unstrukturierten Daten erfolgt in Unternehmen meist in sogenannten Data Lakes.

Beispiele für unstrukturierte Daten sind Inhalte von Präsentationen, Textdateien, E-Mails, Chats, Intranet-Meldungen und aus IoT- Sensoren gewonnene Daten.

So wie die Vorteile liegen aber auch die Nachteile auf der Hand, unter anderem können unstrukturierte Daten nicht so einfach wie strukturierte Daten ausgewertet werden, die Aufbereitung erfordert meist eine gewisse Fachkenntnis, um die darin enthaltenen Informationen brauchbar und auswertbar zu machen. Diese Daten sind aufgrund ihrer komplexen Anordnung und Formatierung schwer zu verarbeiten. Auch die gängigen Datenanalysetools reichen meist für die Aufbereitung und Strukturierung sowie die Bearbeitung von unstrukturierten Daten nicht aus.

Der Datenanalyst sollte seinen Werkzeugkasten mit Programmiersprachen aufwerten, um unstrukturierte Datenmengen auswerten zu können. Ein Beispiel für unstrukturierte Daten in der Abschlussprüfung können Stammdatenänderungsprotokoll-Dateien sein, in der die Daten nicht einfach zu trennen sind.

Aus Sicht des Prüfers können unstrukturierte Daten für die Abschlussprüfung von hohem Interesse sein, da diese Datenquellen in der Regel Anhaltspunkte für die Prozesse der Organisation, Input für die Risikobewertung sowie Nachweise für die Kontrollprüfung zu liefern in der Lage sind. Weiterhin finden Datenanalysen von unstrukturierten Daten sowie das Erkennen von Mustern häufig bei Fraud-Analysen Anwendung.

Zusammengefasst lassen sich die Merkmale von strukturierten und unstrukturierten Daten wie folgt darstellen:

| **Merkmal** | **Strukturierte Daten** | **Unstrukturierte Daten** |
|---|---|---|
| Ordnungsgrad | hoch, nach definierten bestimmten Vorgaben und Merkmalen | sehr gering, keine Vorgaben |
| Speicherung und Auffindbarkeit | Daten werden in vordefinierten Feldebenen und Datenbanken gespeichert | Auffindbarkeit erschwert, da keine Vorgabe zur Speicherung gemacht und damit keine mögliche Indexierung festgelegt wird, sodass meist auch die Kenntnis über die abgelegte Informationsfülle fehlt |
| Informationsgrad | nur vordefinierte Merkmale werden über Strukturen abgelegt und abgespeichert | ohne Informationsverlust und Komprimierung werden alle Informationen und Daten ausnahmslos gespeichert, sodass die höchstmögliche Menge an Daten verarbeitet werden kann |
| Verarbeitung | einfach, da in vordefinierten Strukturen die einzelnen Merkmale vorliegen, die sich in Tabellenform übertragen lassen | schwierig, da zunächst den Datensätzen eine Struktur vorgegeben werden muss, bevor eine weitere Verarbeitung möglich ist |
| Tools | Tabellen-kalkulationsprogramme, Datenanalysesoftware | Programmierkenntnisse erforderlich |

Halbstrukturierte Daten

Auf halbstrukturierte Daten wollen wir nur kurz der Vollständigkeit halber eingehen. Bei halbstrukturierten Daten handelt es sich um einen Zwischengrad an strukturierten und unstrukturierten Daten, beispielsweise unstrukturierte Datenmengen, die jedoch mit Metadaten (übergeordneten Daten, die Informationen über Merkmale enthalten, um andere Daten zu beschreiben) versehen sind, welche auf bestimmte Merkmale verweisen. Sie verfügen damit lediglich über einige konsistente und eindeutige Merkmale, die jedoch nicht starr zugeordnet werden können, sondern auch Modifikationen aufweisen.

## 4.3 Relationale Datenbanken

Um die Struktur von Daten zu verstehen, bedarf es der Grundkenntnis, wie Daten in ihrer einfachsten Art in Datenbanken abgelegt werden. In den meisten Fällen liegt dem eine relationale Datenbank zugrunde, die man sich als eine Ansammlung einzelner Tabellen vorstellen kann. Dabei wird jeder einzelne Datensatz in einer Zeile der Tabelle abgespeichert, welche aus einer Reihe von Attributen besteht, die als Spalten der Tabelle dargestellt werden.

In der folgenden Tabelle ist jedes Attribut fest definiert, und auch der Typ des Attributs (ob es sich beispielsweise um ein Datum, einen numerischen Wert oder einen Text handelt) wird vorgegeben. In der Abbildung stellt jede Zeile mit der eindeutigen Buchungs-ID einen Datensatz mit den Attributen (Kreditorennummer, offener Posten und Fälligkeitsdatum) dar.

| ID | Kreditorennummer | offener Posten | Fälligkeitsdatum |
|---|---|---|---|
| 1 | 1000 | 5.000,00 € | 11.05.2021 |
| 2 | 2000 | 10.000,00 € | 15.04.2021 |
| 3 | 3000 | 7.000,00 € | 24.06.2021 |

**Abb. 4.3:** Datensatz am Beispiel Kreditoren

Es fällt auf, dass beispielsweise für die Identifikation der Tabelle der Kreditorenname, die Bankverbindung, die Skontovereinbarungen usw. fehlen. Würde man in jeder Datenzeile alle Attribute, die notwendig sind, vermerken, würde die Datenbank eine exorbitante Größe annehmen.

Man behilft sich, indem man Daten in unterschiedlichen Tabellen abspeichert und diese mittels eines eindeutigen Schlüsselmerkmals über Verknüpfungen vereint. Dabei sind die Beziehungen der Tabellen zueinander wichtig sowie der Schlüssel, der die beiden Tabellen miteinander eineindeutig verbindet und jedem Datensatz seine weiteren Attribute zuordnet.

i

**Hinweis:**
In der Praxis sind in den seltensten Fällen alle Merkmale, die für die Analyse benötigt werden, in einer einzelnen Tabelle abgelegt. Eine Verknüpfung und Würdigung aller benötigten Tabellen sowie der darin enthaltenden Spalten und das Finden des Verknüpfungsschlüssels durch den Prüfer sind daher zwingend erforderlich.

| ID | Kreditorennummer | offener Posten | Fälligkeitsdatum |
|---|---|---|---|
| 1 | 1000 | 5.000,00 € | 11.05.2021 |
| 2 | 2000 | 10.000,00 € | 15.04.2021 |
| 3 | 3000 | 7.000,00 € | 24.06.2021 |

| Kreditorennummer | Kreditorenname | IBAN |
|---|---|---|
| 1000 | Muster-Lieferant 1 | DEXXXXXXXXXX1 |
| 2000 | Muster-Lieferant 2 | DEXXXXXXXXXX2 |
| 3000 | Muster-Lieferant 3 | DEXXXXXXXXXX3 |

**Abb. 4.4:** Datenbanktabellenverknüpfung mittels Schlüssel „Kreditorennummer“

In unserem Beispiel würde man über die eineindeutig vergebene Kreditorennummer in der zweiten Tabelle eineindeutig den Lieferantennamen sowie die IBAN entnehmen können. Jedes ERP-System hat seine eigene Datenablage und seine eigenen Datenbankstrukturen. Entscheidend für die Datenauswertung ist, dass man die Strukturen kennt und die richtigen Tabellen für die Analyse ziehen kann.

**Praxistipp:**
Der Primärschlüssel, der für die Verknüpfung einzelner Tabellen herangezogen wird, sollte ein Merkmal sein, welches eineindeutig ist, beispielsweise wäre eine Zuordnung über das Fälligkeitsdatum oder den offenen Posten nicht eineindeutig einem Kreditor zuordenbar, wenn Beträge oder Fälligkeitsdaten doppelt im Datensatz vergeben sind.

Meist bedient man sich eineindeutig vergebener Schlüssel wie beispielsweise der Beleg-, Kreditoren-, Debitoren-, Material-, Anlagen- oder der Personalnummer, ergo klassischer Stammdaten, dazu im nächsten Abschnitt mehr.

## 4.4 Stamm- und Bewegungsdaten

Weiterhin können strukturierte Daten in Stamm- und Bewegungsdaten unterschieden werden, deren Kenntnis bei Datenauswertungen im Rahmen von Jahresabschluss-prüfungen helfen können.

Stammdaten

Stammdaten sind Dateninhalte, die in einem Datenbankmodell fortwährend verwendet werden und einen statischen Charakter haben, sich also über einen längeren Zeitraum nicht verändern. Häufig besitzen Stammdaten eine hohe Relevanz in den Geschäftsprozessen eines Unternehmens und werden von verschiedenen Abteilungen verwendet. Um Konsistenz sicherzustellen und Redundanzen auszuschließen, werden Stammdaten eineindeutig in einem ERP-System hinterlegt.

Typische Stammdaten im Bereich eines ERP-Systems sind beispielsweise Debitoren, Kreditoren, Anlagen, Produktionsdaten, der Material- oder der Personalstamm.

Jeder der einzelnen Bereiche umfasst gewisse Attribute, die pro Stammzeile hinterlegt werden und fest vordefiniert sind. So sind beispielsweise für einen Mitarbeiter des Unternehmens der Vor- und Nachname, die Bankverbindung, die Lohnart, Krankenkasse, Rentennummer, Lohn etc. maßgeblich für jede monatliche Lohnabrechnung.

Einmal hinterlegte Stammdaten werden für Transaktionen immer wieder verwendet. Dies spiegelt auch die Wichtigkeit der Richtigkeit und Vollständigkeit der Stammdaten wider und zeigt, wie sensibel Änderungen daran sind.

**Praxistipp:**
Datenanalysen können auch isoliert nur auf Stammdaten bezogen durchgeführt werden. Gängig sind beispielsweise Doubletten, verschiedene Rechnungsanschriften oder unzulässige Bankverbindungen.

Bewegungsdaten

Bewegungsdaten haben im Vergleich zu Stammdaten keinen langfristigen Charakter, sondern bestimmen eine einzelne Transaktion, die im Kontext eines Geschäftsvorfalls bzw. einer Datenerfassung entsteht. Als Beispiel für Bewegungsdaten können Transaktionen aus dem täglichen Geschäft, wie das Buchen einer Bestellung bzw. Rechnung oder auch die Entnahme von Waren aus einem Lager, verstanden werden. Den

Bewegungsdaten liegen Stammdaten zugrunde, auf die bei der Transaktion und bei Buchen des Geschäftsvorfalls zugegriffen wird. Beispielsweise wird bei der Erstellung von Rechnungen auf die Stammdaten der Debitoren, bestehend aus Namen, Adresse und vereinbarten Konditionen, zugegriffen.

Zusammenfassend lassen sich die unterschiedlichen Merkmale von Stamm- und Bewegungsdaten wie folgt beschreiben:

| **Stammdaten** | **Bewegungsdaten** |
|---|---|
| wenige Anpassungen im Zeitablauf | dynamisch mit kurzem Zeitbezug |
| lange Gültigkeit, daher konsistente und richtige Datenpflege wichtig | spiegeln Transaktionen in den Geschäftsprozessen des Unternehmens wider |
| Verwendung durch unterschiedliche Abteilungen im Unternehmen | dienen insbesondere zu analytischen Auswertungen des Geschäftsverlaufs |

# 5 Vorgehensweise beim Einsatz bzw. bei der Durchführung von Datenanalysen

Wie bei jeder anderen Prüfungsmethodik auch, setzt der Einsatz von Datenanalyse eine bestimmte Vorgehensweise voraus, die im Folgenden erläutert werden soll. Insgesamt werden bei einer Datenanalyse, sei es im Rahmen einer Jahresabschlussprüfung oder als Sonder- oder Fraud-Prüfung, gleichbleibend zehn verschiedene Schritte durchlaufen.

Der Prozess lässt sich insgesamt in drei übergeordnete Bereiche aufteilen: die Definitions-, Auswertungs- und Dokumentationsphase. Die Definitionsphase ist insbesondere wichtig, um das Datenanalyseobjekt, das Ziel sowie die Auswahl der Analysemethodik und der Werkzeuge festzulegen. In der Auswertungsphase geht es dann insbesondere um die Bestimmung der Datengrundlage, deren Beschaffung und um die eigentliche Arbeit der Validierung und Aufbereitung der Daten. In der letzten Phase werden die Ergebnisse interpretiert und dokumentiert, sodass man daraus die Antwort auf die in der ersten Phase festgelegte Fragestellung herleiten kann.

Eine zeitliche Reihenfolge der Datenanalyse zeigt die folgende Abbildung, deren Elemente in den Folgekapiteln im Einzelnen aufgegriffen und mit Praxisbeispielen und Praxistipps akzentuiert werden:

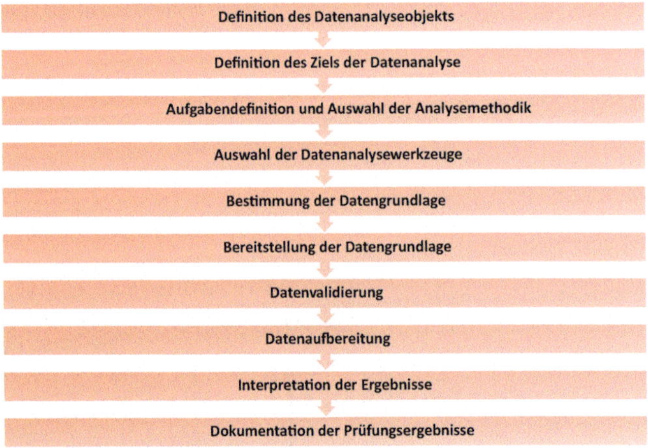

**Abb. 5.1:** Vorgehensweise bei der Durchführung von Datenanalysen

**Praxistipp:**
Jede Datenanalyse erfordert eine gewisse Vorlauf- und Durchlaufzeit. Es ist daher ratsam, eine angemessene Zeit dafür einzuplanen. Insbesondere in den Anfängen gibt es einige Fallstricke, die zu Schleifen im Ablauf führen können. Wenn beispielsweise die Datenvalidierung fehlschlägt, setzt man beim vorherigen Schritt der Bereitstellung der Datengrundlage erneut an.

## 5.1 Datenanalyseobjekt

Der Prüfer stößt im Rahmen seiner Prüfung in verschiedenen Phasen auf Möglichkeiten zum Einsatz von Datenanalysen. Bei jeder einzelnen hat er die Vor- und Nachteile abzuwägen und daraus seine Analyseobjekte zu definieren.

Die folgenden Teilkapitel geben einen Überblick über die Einsatzbereiche, aus denen der Prüfer die Möglichkeiten von Datenanalysen schöpfen kann, sodass je Prüfungsphase aufgezeigt wird, inwiefern Datenanalysen als Ergänzung zum Prüfungsansatz eingesetzt werden können.

### 5.1.1 Datenanalyse im Rahmen der Risikobewertung

Zu Beginn der Prüfung muss der Prüfer nach dem risikoorientiertem Prüfungsansatz seine einzelnen Prüfgebiete bewerten und einer Risikoeinschätzung unterziehen (IDW PS 261 n.F.). Der Abschlussprüfer nimmt Risikobeurteilungen vor, um die Risiken wesentlicher Fehler in der Rechnungslegung einschätzen zu können. Auf der Grundlage dieser Risikobeurteilungen bestimmt der Abschlussprüfer die Prüfungsstrategie sowie Art, Umfang und zeitlichen Ablauf der aussagebezogenen Prüfungshandlungen. Dabei hat der Abschlussprüfer seine Risikobeurteilung im Verlauf der Prüfung ggf. aufgrund neuerer Erkenntnisse anzupassen.

Hierzu ist es wichtig, dass der Prüfer Indizien für seine Risikoeinschätzung findet. Neben den üblichen Möglichkeiten, wie dem Austausch in einem Auftaktgespräch mit der Geschäftsführung oder dem Leiter Rechnungswesen über die wichtigen Geschäftsvorfälle im Jahr und wesentlichen Änderungen, hat der Prüfer auch die Möglichkeit, systemseitig über vordefinierte Datenanalysen sich einen schnellen Einblick in den Zustand des Unternehmens und seiner Jahreszahlen zu verschaffen.

Dazu steht dem Prüfer neben den klassischen Optionen für einen Zeitreihenvergleich der Berichtsjahreszahlen zu denen des Vorjahres und dem Hinweis auf wesentliche Abweichungen (Preliminary Analytics) auch die Alternative zur Verfügung, sich über Abweichungsanalysen zu Planungs- und Budgetwerten auf übergeordneter Bilanzpostenebene einen Einblick in die Geschäftszahlen des Berichtsjahres zu erarbeiten. Je nach Branche und wesentlichen Umwelteinflüssen ergibt es durchaus auch Sinn, Branchenvergleichswerte zu wählen, um konkrete Zusammenhänge und Abweichungen identifizieren zu können.

Neben Abweichungsanalysen kann es hilfreich sein, die wichtigsten Bilanzkennzahlen mit einem eigens erstellten Dashboard eines Kennzahlensystems zu visualisieren, um einen Eindruck vom Stand des Unternehmens zu gewinnen.

i

**Hinweis:**
Es empfiehlt sich, einmalig ein Dashboard aufzusetzen, beispielsweise in MS Excel, und darin die Formeln und Diagramme zu erstellen, sodass das Dashboard als Vorlage mehrmals verwendet werden kann. Hierbei kann es hilfreich sein, bis auf die Eingabedaten alle übrigen Felder für den Anwender zu sperren, sodass keine Formeln aus Versehen geändert werden.

Die folgenden Datenanalysen können exemplarisch zur Vertiefung von Kenntnissen über die Geschäftstätigkeit des zu prüfenden Unternehmens eingesetzt werden[5]:

- Vorjahres-/Budgetvergleich, ggf. gegliedert nach einzelnen Niederlassungen, Geschäftsfeldern, Produktlinien etc.; Analyse nach Salden der Monats-, Quartals- oder Jahresabschlüsse
- Analyse der Veränderung der Umsatzanteile nach Produkten, Sparten, Regionen und Berichtseinheiten in Bezug auf die Vorjahreszahlen oder auf Planungsdaten
- Analyse der Verteilung der Buchungen über das Geschäftsjahr (Betrag und Anzahl) und Vergleich mit dem Vorjahr

5 IDW PH 9.330.3.

- Analyse der Bilanz- und GuV-Posten auf wesentliche Veränderungen auf Basis der gesamten Buchungen
- Vergleich der Verteilung der Buchungen über das Geschäftsjahr mit dem Vorjahr auf Basis von Quartals-, Monats- oder Wochenzahlen
- Trend- und Veränderungsanalysen des Rohertrags anhand der Umsatzbuchungen und der Materialeinsatzbuchungen
- Untersuchung der Umsatzerlöse auf abnormale Entwicklung (Tag-, Wochen-, Monatsbasis inkl. Vorjahresvergleich)
- Analyse der Korrelation zwischen der Entwicklung der Umsatzerlöse und der Forderungen
- Strukturanalyse der Veränderungen in der Ertragslage auf Basis der Buchungen in den Haupt- und Nebenbüchern
- Ermittlung der Durchschnittserträge je Produkt bzw. Auftrag und Ermittlung der wesentlichen Abweichungen
- Analyse der Entwicklung der Zahlungsziele und Ausfallquoten bei den Kreditoren und den Debitoren.

Zur Identifikation von Posten mit Fehlerrisiken schlägt der IDW PH 9.330.3 folgende Prüfungsansätze vor:

- Geschäftsvorfälle, die nicht routinemäßig verarbeitet werden
- Beurteilungsspielräume bei Ansatz und Bewertung von Vermögensgegenständen und Schulden
- ungewöhnliche Geschäftsvorfälle und solche außerhalb des gewöhnlichen Geschäftsbetriebs

**Praxistipp:**
Derartige Buchungen werden meist außerhalb von integrierten Systemen verarbeitet und können daher sehr gut durch Abfrage und Auswertung der Buchungsart analysiert werden.

Diesen Fehlerrisiken kann man beispielsweise durch folgende Einzelanalysen begegnen:[6]

6 Aus IDW PH 9.330.3, seitens der Autoren ergänzt um praxisnahe Prüfungshandlungen.

- Einsatz der Benford-Analyse oder des Chi-Quadrat-Tests über die gesamten Buchungen, insbesondere der Umsatzerlöse, zur Ermittlung von Hinweisen auf Manipulationen der Rechnungslegung
- Analyse der Geschäfte mit nahestehenden Personen anhand von Debitoren- und Kreditorenlisten sowie der entsprechenden Gegenkonten
- Analyse im Hinblick auf ungewöhnliche Buchungen (Ertragsbuchungen im Soll oder Aufwandsbuchungen im Haben)
- Gegenkontenanalyse (Analyse der Buchungen im Hinblick auf ungewöhnliche Gegenkonten, z.B. Umsatzbuchungen, die keine Debitorenkonten als Gegenkonto haben)
- Analyse neuer Produktsparten anhand von Kostenträgerschlüsseln oder Artikelnummern
- Analyse der Neuanlagen von Debitoren und Kreditoren aus neuen Geschäftsbeziehungen und Auswertung der im Geschäftsjahr getätigten Transaktionen
- Analyse der Umsätze zum Geschäftsjahresende in Bezug auf deren periodengerechte Erfassung durch Abgleich mit den in der Warenwirtschaft erfassten Lieferterminen
- Analyse der Gutschriften für Retouren im Verhältnis zu den Umsatzerlösen
- Analyse der Gutschriften für Retouren im neuen Geschäftsjahr
- Analyse der wesentlichen Kunden anhand der mit ihnen erzielten Umsatzerlöse
- Analyse der wesentlichen Lieferanten anhand der Eingangsrechnungen
- Analyse der Buchungen im Materialaufwand und der Verbindlichkeiten aus Lieferungen und Leistungen im Hinblick auf ungewöhnliche Schwankungen
- Untersuchung auf ungewöhnliche Geschäftsvorfälle hin (Menge/Preis/Konditionen).
- Gegenkontenanalysen mit ungewöhnlichen manuellen Buchungen
- Stornoquote oder besonders hohe Gutschriften prüfen
- Buchungen ohne Buchungstext
- Analyse Buchungen zum Geschäftsjahresende und insbesondere in Bezug auf die periodengerechte Erfassung.

Weiterhin helfen einzelne Analysen, um schnell Kenntnis über das Buchungsverhalten des Jahres und mögliche Anpassungen zu erlangen, beispielsweise:

- Analyse, welche Konten m Vergleich zum Vorjahr neu hinzugefügt wurden
- Analyse, welche Kreditoren/Debitoren im Jahr mit hohem Transaktionsvolumen neu hinzugekommen sind, um neue wesentliche Geschäftsbeziehungen und wesentliche Verträge zu identifizieren
- Analyse taggenaue Entwicklung der liquiden Mittel samt Analyse, ob im Zeitablauf die Banksalden negativ waren
- Analyse, ob neue Kredite aufgenommen worden sind
- Analyse, ob alle Buchungen über einen bestimmten Betrag gefiltert werden, um ggf. wesentliche Geschäftsvorfälle zu identifizieren
- gewählte Schlagwörter über die Buchungstexte ziehen, um beispielsweise Kreditaufnahmen, Verkäufe von Grundstücken, neue wesentliche Verträge zu identifizieren
- nach bestimmten Schlagwörtern suchen, um Geschäfte mit nahestehenden Personen zu identifizieren
- verwendeten Steuerschlüssel analysieren, um ggf. neue Geschäftsvorfälle zu identifizieren
- Analyse der Umsatzerlöse im Zeitablauf im Hinblick auf Peaks oder Tiefpunkte, um große Transaktionen zu erkennen
- Analyse der Zahlungsziele und der Ausfallquoten bei Kreditoren und Debitoren
- Ermittlung der Durchschnittserträge und Vergleich zum Vorjahr sowie Abgleich von Preisänderungen und Mengenänderungen
- Vergleich der Anzahl der Buchungen und Analyse der Buchungen verteilt übers Jahr
- Analyse der Investitionen verteilt übers Jahr
- Entwicklung Personalaufwand im Vergleich zur Sozialaufwandsquote
- Entwicklung des Materialaufwands im Zeitverlauf
- Entwicklung der Umsatzerlöse im Zeitverlauf
- Analyse neuer Artikelnummern, Produkttypen, Tarife je nach Branche
- Validierung Dauerbuchungen über einen gewissen Betrag (Abgleich Verträge mit den hinterlegten Verträgen aus der Dauerakte)
- Investitionen über einen bestimmten Betrag, die besonders genehmigungspflichtig sind
- Korrelationsanalyse Forderungen aus Lieferungen und Leistungen zu Kasse/Bank

### 5.1.2 Datenanalyse im Rahmen der Prüfung des internen Kontrollsystems (IKS)

Die Erfahrungen aus der Praxis zeigen, dass sich Datenanalysen sehr zur Identifizierung von Kontrollrisiken und zur Beurteilung der Wirksamkeit von eingerichteten Kontrollen eignen. Dies gilt sowohl für generelle Kontrollen als auch für prozessintegrierte Kontrollen, die IT-gestützt ausgeführt werden bzw. deren Durchführung und Ergebnisse in elektronisch auswertbarer Form dokumentiert sind. Generelle Kontrollen sind interne Kontrollen des Unternehmens, die sich unabhängig vom jeweiligen IT-Geschäftsprozess auf das gesamte IT-System auswirken.[7]

Eine Anzahl möglicher Prüfungshandlungen gibt unsere Auswahl der im IDW PH 9.330.3 dargestellten Kontrollen wieder, die wir durch praxisnahe Prüfungshandlungen aus der Erfahrung ergänzen:

- Kontrollen konsistenter Berechtigungsvergabe
- Kontrollen von Stammdatenänderungen im Bereich des Anlagevermögens, Debitoren, Kreditoren, Personalstammdaten, beispielsweise mit Fokus auf Änderungen bei kurzfristig angelegten Debitoren und Kreditoren
- prozessintegrierte Genehmigungsverfahren
- Abstimmverfahren (Schnittstellenprüfungen)
- Veränderung von Kontenplänen und deren Genehmigung
- Veränderung der Abstimmkonten
- Analyse von hohen Stornobuchungen
- Analyse von Änderungen von Kontenplänen
- Analyse im Hinblick auf Buchungen doppelt erfasster Beträge
- Analyse von Belegnummern und Prüfung auf Lücken
- Analyse von CpD-Konten
- Analyse der Belege und der Buchungen auf Basis von Buchungsschlüsseln (Abschreibungs-, Umsatzsteuer-, Lohnsteuerschlüssel) oder Belegarten (Dauerbuchungen, Stornierungen, Gutschriften)
- Analyse der Berechtigungsvergabe, beispielsweise der Anmeldungen im System im Vergleich zum Mitarbeiterstamm
- Analyse der systemseitigen Sperrungen von Personen, die sich im System länger nicht angemeldet haben

[7] IDW PH 9.330.3.

- Analyse der Verwendung systemkritischer Berechtigungen mit uneingeschränkten Buchungsrechten
- Analyse der Berechtigungen von ausgeschiedenen Mitarbeitern
- Analyse im Hinblick auf Sammelbenutzer
- Analyse temporär eingerichteter Benutzerberechtigungen
- Analyse der Änderungen der Systemparameter, unter anderem der Protokollierung
- Analyse von Änderungen und Einrichtungen von Rabattgewährungen
- Analyse und Einrichtung von Gutschriftserteilungen und Freigabeverfahren
- Analyse von Materialstammdatenänderungen
- Schichtung und Prüfung auf genehmigungspflichtige Geschäftsvorfälle
- Three-Way-Match: Abstimmung der im System erfassten Bestellungen mit den im System erfassten Wareneingängen und Rechnungen
- Abstimmung der Rechnungseingänge anhand von Bestellnummern mit den Wareneingängen und den Bestellungen hinsichtlich Preis- und Mengenabweichungen
- Abstimmung der gebuchten Eingangsrechnungen im Warenwirtschaftssystem mit den geleisteten Zahlungsbeträgen in der Finanzbuchhaltung
- Analyse der von dem Mitarbeiter verwendeten Belegarten mit den nach den Vorgaben vorgesehenen Belegarten
- Analyse im Hinblick auf Buchungen, die nahe an Schwellenwerten liegen (Kreditorenlimit, Bestelllimit)
- Pflege von Schnittstellen, beispielsweise Abstimmung der Nebenbuchhaltungen mit der Finanzbuchhaltung
- Konsistenzprüfung bei der Anlage von Stammdaten (Doubletten)
- Konsistenzprüfung auf die Vollständigkeit von Stammdaten nach gesetzlichen Verpflichtungen, beispielsweise Umsatzsteueridentifikationsnummern, Bankverbindung etc.

Für weitere mögliche Prüfungshandlungen verweisen wir auf den IDW PH 9.330.3.

### 5.1.3 Datenanalyse im Rahmen von aussagebezogenen Prüfungshandlungen

Zur Aufdeckung wesentlicher falscher Angaben auf der Transaktions-, Konten- und Aussageebene können Datenanalysen sowohl als Einzelfallprüfungen zu einzelnen Arten von Geschäftsvorfällen, Kontensalden und Abschlussinformationen als auch in Form aussagebezogener analytischer Prüfungshandlungen eingesetzt werden.[8]

Aussagen über Abschlussinformationen können sich gemäß IDW PS 300 unter anderem beziehen auf:

- den richtigen Ausweis bestimmter Vermögensgegenstände, Schulden und Eigenkapital zu einem bestimmten Zeitpunkt
- den Eintritt eines Geschäftsvorfalls oder Ereignisses
- die Zurechnung zum Unternehmen aufgrund bestehender Rechte an Vermögensgegenständen und Verpflichtungen
- die Vollständigkeit von ausgewiesenen Vermögensgegenständen, Schulden und Eigenkapital, der Geschäftsvorfälle und Ereignisse sowie der geforderten Angaben
- die Bewertung und Zuordnung
- die Genauigkeit
- die Periodenabgrenzung

Typische Datenanalysen:

- Analyse der Anlagenabgänge ohne Buchergebnis
- Abgleich der Abschreibungen der Anlagengegenstände mit den jeweiligen Abschreibungen des Vorjahres auf Ebene der einzelnen Anlagegegenstände
- Analyse der Nutzungsdauern auf der Ebene der Anlagengegenstände
- Vergleich der Bewertungspreise der Vorräte auf Artikelebene für das Geschäftsjahr und das Vorjahr
- Vergleich der Vorratsbewertung mit den letzten im Warenwirtschaftssystem erfassten Einkaufspreisen
- Vergleich der Herstellungskosten der Artikel mit den Herstellungskosten des Vorjahres
- Analyse der Vorratsbewertung im Hinblick auf Fehler durch negative Lagerbestände, negative Bewertungspreise
- Analyse des Bewertungsverfahrens zur Ermittlung von Gängigkeitsabschlägen anhand der mengenmäßigen bzw. betragsmäßigen Umsatzentwicklung auf Monatsebene
- Analyse der Altersstrukturen von Forderungen und Verbindlichkeiten
- Analyse der Restbuchwerte der Anlagegüter

8 IDW PH 9.330.3.

- Berechnung der Buchverluste/-gewinne aus Anlageverkäufen
- Nachvollzug der Abschreibungsermittlung anhand der Daten aus der Anlagenbuchhaltung und eigener Berechnung in Datenanalysewerkzeugen
- Analyse der Umschlagshäufigkeit und Altersstruktur der Vorräte
- Selektion der debitorischen Kreditoren bzw. kreditorischen Debitoren
- Nachvollzug der Rückstellungsberechnung unter Berücksichtigung der Berechnungsvorgaben
- Abgleich der bei der Ermittlung der Pensionsrückstellungen berücksichtigten Personen mit den Daten aus der Personalwirtschaft
- Nachvollzug der Umsatzerlöse anhand der Mengen- und Preisdaten aus dem Warenwirtschaftssystem
- Nachvollzug des Materialeinsatzes anhand der Mengen und der Preise der eingesetzten Vorräte auf Basis der Warenwirtschaft
- Umsatzsteuerverprobung in Bezug auf die verwendeten Umsatzsteuersätze und die dazugehörigen Umsatzerlöse

Bei Einzelfallprüfungshandlungen mittels Datenanalysen werden Prüfungsnachweise durch einen unmittelbaren Soll-Ist-Vergleich einzelner Geschäftsvorfälle und Bestände gewonnen.[9] Datenanalysen können insbesondere für rechnerische Prüfungen, vergleichende Abstimmungen und die Feststellung von Abweichungen in der Rechnungslegung eingesetzt werden.[10]

Beispiele für Datenanalysen in Form von Einzelfallprüfungshandlungen sind:

- Datenanalysen zur Berechnung und zum Nachvollziehen von automatisierten Bewertungsalgorithmen und Buchungen bzw. Abschreibungs- und Abgrenzungsberechnungen
- Datenanalysen zur Verifizierung von Aussagen in der Rechnungslegung durch die Aufbereitung und Auswertung der im Zusammenhang mit der Verarbeitung von Geschäftsvorfällen erfassten Daten
- Abstimmung der Abschlusszahlen laut Saldenliste des Vorjahres mit den im System enthaltenen Eröffnungsbuchungen
- Analyse der Restbuchwerte der Anlagengüter
- Berechnung der Buchverluste/-gewinne aus Anlagenverkäufen

9 IDW PS 300.
10 IDW PH 9.330.3.

- Nachvollzug der Abschreibungsermittlung anhand der Daten aus der Anlagebuchhaltung und eigener Berechnungen in Datenanalysewerkzeugen
- Nachvollzug der Ermittlung der gleitenden Durchschnittswerte
- Abgleich der erfassten Bewertungspreise mit den gleitenden Durchschnitten und den letzten erfassten Bewertungspreisen
- Nachvollzug der Bewertungsabschläge und der Gängigkeit von Vorräten
- Analyse der Umschlagshäufigkeit und Altersstruktur der Vorräte
- Selektion der debitorischen Kreditoren und kreditorischen Debitoren
- Nachvollzug der Rückstellungsberechnung unter Berücksichtigung der Berechnungsvorgaben
- Abgleich der bei der Ermittlung der Pensionsrückstellungen berücksichtigten Personen mit den Daten aus der Personalwirtschaft
- Nachvollzug der Umsatzerlöse anhand der Mengen- und Preisdaten aus dem Warenwirtschaftssystem
- Nachvollzug des Materialeinsatzes anhand der Mengen und der Preise der eingesetzten Vorräte auf Basis der Warenwirtschaft
- Abstimmung der Lohnsummen je Lohnart aus der Lohnbuchhaltung mit den in der Finanzbuchhaltung auf den Lohnkonten gebuchten Beträgen
- Umsatzsteuerverprobung in Bezug auf die verwendeten Umsatzsteuersätze und die dazugehörigen Umsatzerlöse.

### 5.1.4 Datenanalyse im Rahmen der Unterstützung der Stichprobenauswahl

Datenanalysen können bei der Stichprobenauswahl zur Strukturanalyse der Grundgesamtheit, der geplanten Stichprobe sowie zur Gruppierung bzw. Schichtung des Datenbestandes eingesetzt werden. Damit eignen sich Datenanalysen sowohl zur Unterstützung von bewussten Auswahlverfahren als auch zur Unterstützung von zufallsgesteuerten Auswahlverfahren.[11] Bei zufallsgesteuerten Auswahlverfahren auf Basis mathematisch-statistischer Schätz- und Testverfahren kann der notwendige Stichprobenumfang durch Schichtung der Grundgesamtheit vermindert werden. Bei der Stichprobenauswahl können Datenanalysen bei folgenden Prüfungshandlungen unterstützend wirken:

11 IDW PH 9.330.3.

- Schichtung des Buchungsstoffes nach den Größenklassenkriterien unter Berücksichtigung der Wesentlichkeitsgrenzen
- Schichtung des Vorratsbestandes nach Menge, Wert und Preisänderungen
- Ermittlung von wesentlichen Mengenänderungen im Vorratsvermögen
- Schichtung der Forderungen und Verbindlichkeiten für die Vorbereitung von Saldenbestätigungen.

## 5.2 Definition des Ziels der Datenanalyse

Jede Prüfungshandlung, die der Prüfer durchführt, um insbesondere die übergeordneten Zwecke der Wirtschaftlichkeit und Effektivität zu wahren, bedarf einer festen Vorgabe des Zieles. So muss sich der Abschlussprüfer im Vorfeld seiner Analyse ein Prüfziel definieren, das er mittels Datenanalyse anstrebt. Alle weiteren Folgeschritte wie die Definition der Datengrundlage, der Datenabzug, die Datenauswertung und Dateninterpretation sollten in Beziehung zum übergeordneten Prüfziel stehen und sich daran anlehnen.

Um dies gewährleisten zu können und Zielsetzungen zu definieren, bedarf es einer vorhergehenden Analyse der Prozesse und der Kenntnis der Unternehmenstätigkeit. Für die Analysen der Geschäftstätigkeiten sollte insbesondere auch ein Verständnis der Prozesse im Kontext der IT und IT-gestützten Buchhaltung erlangt werden. Es reicht hier nicht, nur zu verstehen, wie die buchhalterischen Vorgänge durchgeführt werden, sondern es ist notwendig, speziell auch den Datenfluss des genutzten IT-Systems sowie der errichteten Prozessabläufe, Prozesskontrollen und Schnittstellen nachzuvollziehen. Um zu dieser Erkenntnis zu gelangen, bedarf es einer konventionellen Methode, die bei jeder Abschlussprüfung nach dem risikoorientiertem Prüfungsansatz Anwendung findet, insbesondere in der Aufnahme und Bewertung des internen Kontrollsystems.

**Beispiel**

Analyse von CpD-(Conto-pro-Diverse-)Konten

In der Buchführung bezeichnet man Forderungen- und Verbindlichkeitenkonten, auf denen Einmalvorgänge abgebildet werden, als CpD-Konten. Sinn und Zweck der CpD-Konten ist im Wesentlichen, zeitsparend einmalige Buchungen mit Lieferanten und Kunden abzubilden, die meist nur „kleine" Rechnungsbeträge vorweisen. Im Gegensatz zu gewöhnlichen Kreditoren- und Debitorenkonten werden in den CpD-Konten keine kunden- oder lieferantenspezifischen Stammdaten hinterlegt und zugewiesen. Durch die Abwicklung der Buchung über CpD-Konten und die Eingabe der relevanten Abrechnungsdaten im Beleg spart man sich die aufwändige Anlage und Erfassung von Debitoren-/Kreditorenstammdatensätzen und hat eine pragmatische Möglichkeit, den Geschäftsvorfall buchhalterisch zügig abzuwickeln. Ein weiterer Vorteil liegt darin, dass der Stammdatensatz nicht unnötig mit irrelevanten Datensätzen (beispielsweise Lieferanten oder Kunden, mit denen nur einmalige Geschäftsbeziehungen vorherrschen) im System eingepflegt, aktualisiert und vorgehalten werden muss.

Neben den dargestellten Vorteilen zeichnen sich aber auch Risiken ab, die oft Prüfungsgegenstand bei Jahresabschlussprüfungen und revisorischen Durchsichten darstellen. Unter anderem werden Stammdaten, wie z.B. die Bankverbindungen und Adressen, direkt im Beleg gepflegt, die nicht zum Lieferanten/Kunden passen könnten. Es ergibt sich auch die Möglichkeit, dass CpD-Konten aufgrund der erwähnten Vorteile zu häufig angesteuert werden, sodass die Übersichtlichkeit nicht mehr gewährleistet wird. Dies kann zu Problemen führen, z.B. dabei, die Forderung nachzuverfolgen, zuzuordnen, anzumahnen und auszuziffern. Zudem besteht das Risiko, dass die Buchung über das Konto veranlasst wird, um diese zu verbergen. Daher gilt es, das Augenmerk in der entsprechenden Prüfung sowohl auf Unregelmäßigkeiten als auch auf Einzelfallprüfungshandlungen zu legen. Auch hier kann es natürlich von Vorteil sein, mittels Datenanalysen die einzelnen Konten zu verifizieren.

Vorweg bedarf es jedoch einer klar orientierten Zielsetzung für die Datenanalyse. Dazu müssen im Vorfeld besonders die organisatorischen Vorgaben für die Nutzung der CpD-Konten auf ihre Angemessenheit hin untersucht werden und die darin definierten Regelungen müssen in der Prüfung hinsichtlich etwaiger Ausreißer in der Datenanalyse berücksichtigt werden.

Wesentliche Fragen, die man sich stellen und im Vorfeld abwägen muss, sind:

- Ist die Nutzung von CpD-Konten im Unternehmen gestattet?
- Gibt es schriftliche Regelungen zur Nutzung von CpD-Konten?
- Ist die Häufigkeit der Geschäftsvorfälle mit einem Geschäftspartner festgelegt?
- Sind Wertgrenzen für die Nutzung von CpD-Konten festgelegt?
- Sind Vorkehrungen eines Vier-Augen-Prinzips bei der Eingabe und Prüfung der Eingaben der Datengrundlage bei der Belegerstellung sichergestellt?
- Gibt es nachgelagerte Kontrollen und Analysen der Einhaltung der Richtlinien?

Um die richtigen Datengrundlagen sicherzustellen, muss man im Vorfeld stets die Ergebnisse der oben aufgeführten Fragestellungen in die Datenanalyse einbeziehen, um zu einer konkreten Fragestellung zu gelangen, die man mittels Analyse auswerten möchte.

Es könnten beispielsweise folgende Fragestellungen in Bezug auf CpD-Konten relevant sein:

- Gibt es Buchungen über den festgesetzten Wertgrenzen, die als einmalige Buchungen auf CpD-Konten gebucht werden?
- Gibt es wiederkehrende Buchungen mit dem gleichen Geschäftspartner, obwohl die Regelung eines Einmalvorgangs besteht?
- Gibt es Buchungen mit Geschäftspartnern, die im Vorjahr bereits als CpD-Kreditor/-Debitor verwendet wurden?
- Gibt es verwendete Stammdaten in den CpD-Buchungen mit gleichen Stammdatensätzen, die im Kreditoren-/Debitoren-/Personalstamm hinterlegt sind, beispielsweise mit Fokus Bankverbindung?
- Gibt es häufige gleiche Beträge, die auf CpD-Konten gebucht werden (Verweis Benford-Analyse)?
- Gibt es auffällige Bankverbindungen/Adressen (Länder) auf CpD-Konten?
- Gibt es CpD-Buchungen mit gleichen Adressaten und unterschiedlichen Bankverbindungen?

- Wie groß ist die Anzahl der CpD-Buchungen im Geschäftsjahr im Vergleich zu Vorjahren?
- Sind bei CpD-Buchungen im Beleg alle Muss-Felder ausgefüllt worden (Name, Adresse, Zahlungsempfänger, Bankverbindung, Betrag)?
- Gibt es Altforderungen auf CpD-Konten?
- Gibt es Verbindlichkeiten auf CpD-Konten, die nicht zeitnah ausgeglichen wurden?
- Welches Buchungsvolumen wird auf CpD-Konten abgewickelt?
- Welche Betragshöhen werden auf CpD-Konten abgewickelt, welche Durchschnittsbeträge liegen vor?

Wie das Beispiel aufzeigt, gibt es zu einem Thema oft mehrere Fragestellungen, die angegangen werden können. Ausschlaggebend ist, auf der Basis der gewonnen Informationen die Risiken einzuschätzen und die Fragestellung, die mittels Datenanalyse aufgegriffen werden soll, im Vorfeld zu analysieren.

**Praxistipp:**
Priorisieren Sie und definieren Sie dezidiert Ihre Fragestellung. Vielfach können verschiedene Prüfungen oder Prüfziele abgedeckt werden. Hier müssen Sie klar ein Prüfziel definieren und den Analyseprozess dann darauf ausrichten.

# 6 Auswahl der Analysemethode

Ist die Fragestellung und das Prüfziel definiert worden, geht es im nächsten Schritt darum, die Auswahl der Analysemethode zu treffen. Da eine vollständige Angabe von Analysemethoden das Buch sprengen würde, gehen wir lediglich auf die in unserer Praxis gemachten Erfahrungen mit den wichtigsten Möglichkeiten der Analyse ein.

## 6.1 Statistische Analyse

In vielen Datenanalysenprogrammen verwendet man für die erste Einschätzung des Datensatzes die sogenannte „Feldstatistik", mit der man ein erstes Gefühl für den Datensatz erlangt und die schon binnen weniger Momente erste Erkenntnisse und Auswertungen über den Datensatz ermöglicht. Bei den gängigen Softwareanalyseprogrammen wird beispielsweise der Datensatz spaltenweise nach den höchsten und niedrigsten Beträgen ausgewertet, für den Abschlussprüfer können dabei folgende relevante Felder beispielhaft analysiert werden:

- Buchungsdatum: frühestes und spätestes Datum und damit die Zuordnung, ob im Datensatz nur Buchungen des Geschäftsjahres erhalten sind,
- Abgleich der Summe der Soll- und der Habenbuchungen und damit die Prüfung, ob unausgewogene Buchungen im Datensatz vorhanden sind,
- Verteilung der Buchungen pro Wochentag oder Monat,
- Anzahl der Buchungszeilen,
- Anzahl der Nullwerte im Datensatz.

Mittels statistischer Analyse können Datensätze nach ihrer Verteilung oder bestimmten Merkmalen untersucht werden, insbesondere hilft es auch, bestimmte Ausreißer (sehr niedrige oder hohe Werte) ausfindig zu machen. Weiterhin unterstützt die Betrachtung dabei, einen zusammenfassenden Überblick über die Datenmenge mit ihren wesentlichen statistischen Eigenschaften zu erhalten und erste Validierungen durchzuführen.

Die einfachste Möglichkeit der Darstellung von Ergebnissen von statistischen Analysen erfolgt häufig in Form von Tabellen und Diagrammen.

### Beispiel

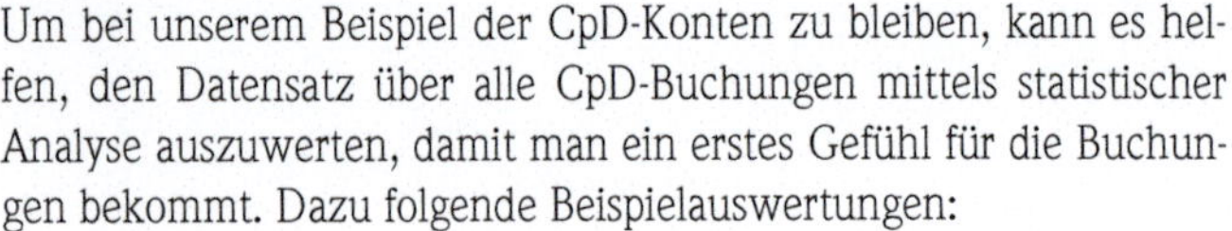

Um bei unserem Beispiel der CpD-Konten zu bleiben, kann es helfen, den Datensatz über alle CpD-Buchungen mittels statistischer Analyse auszuwerten, damit man ein erstes Gefühl für die Buchungen bekommt. Dazu folgende Beispielauswertungen:

| Spaltenname | Auswertung Betragsspalte |
|---|---:|
| NetValue | 255.223,60 |
| TotalPositive | 255.223,60 |
| TotalNegative | 0,00 |
| Absolute Value | 255.223,60 |
| Mean | 429,67 |
| Median | 334,75 |
| Minimum | 1,09 |
| Maximum | 7.935,06 |
| PositiveItems | 594,00 |
| NegativeItems | 0,00 |
| TotalItems | 594,00 |
| BlankItems | 0,00 |
| Errors | 0,00 |

**Abb. 6.1:** Statistische Auswertung Spalte Betrag in CpD-Kreditorenbuchungen

| Schichtung | Betrag ist >= | Betrag ist < | Anzahl | % vom Gesamt | Betrag |
|---:|---:|---:|---:|---:|---:|
| 1 | 0 | 500 | 502 | 84,51 | 115.023,96 |
| 2 | 500 | 1000 | 28 | 4,71 | 18.951,47 |
| 3 | 1000 | 2000 | 48 | 8,08 | 66.035,13 |
| 4 | 2000 | 3000 | 10 | 1,68 | 24.190,38 |
| 5 | 3000 | 4000 | 2 | 0,34 | 7.318,49 |
| 6 | 4000 | 5000 | 1 | 0,17 | 4.530,13 |
| 7 | 5000 | 6000 | 1 | 0,17 | 5.238,98 |
| 8 | 6000 | 7000 | 1 | 0,17 | 6.000,00 |
| 9 | 7000 | 8000 | 1 | 0,17 | 7.935,06 |
| **Gesamt** | | | **594** | **100,00** | **255.223,60** |

**Abb. 6.2:** Schichtung der CpD-Kreditorenbuchungen

Aus den beiden Beispieltabellen bekommt man ein erstes Gefühl, in welcher Höhe Buchungen auf CpD-Konten für die Kreditoren abgewickelt worden sind, welche Ausreißer es gibt und wie hoch die höchste Buchung bzw. geringste Buchung war. Schon an dieser Stelle kann man den Ausreißer nach oben mit den vorgegebenen Regelungen abgleichen, um gegebenenfalls bereits die erste Anomalie zu erkennen. Anhand der Feldstatistiken bekommt man auch schnell einen Überblick über die Anzahl der Buchungen und eine erste Validierung, ob der Datensatz Fehler oder leere Felder enthielt. Über eine Schichtung kann man die prozentuale Verteilung der Buchungen nach ihren Betragshöhen eruieren. Beim vorgegebenen Datensatz sieht man, dass 84,51 % der Buchungen mit Beträgen unter 500 € getätigt wurden, da die entsprechende Schichtung von den insgesamt 594 getätigten Buchungen (Summe Anzahl gesamt) bereits 502 Buchungen (Summe Anzahl Buchungen der Schichtung 1) beinhaltet.

## 6.2 Zeitreihenanalyse

Eine Zeitreihe ist eine zeitlich geordnete Folge von Werten einer bestimmten Größe. Tatsächlich gehören Zeitreihenanalysen zu den am häufigsten von Abschlussprüfern genutzten Verfahren zur Gewinnung von Prüfungssicherheit.

Einfache Zeitreihenanalysen

Während in der Vergangenheit besonders zweidimensionale Zeitreihen bedeutsam waren, gewinnen aufgrund der besseren Datenverfügbarkeit und der verbesserten technischen Infrastruktur Zeitreihenanalysen mit multiplen Variablen zunehmend an Bedeutung.

Die sicherlich einfachste Form der Zeitreihenanalyse ist beispielsweise die Umsatzentwicklung im Zeitablauf. Unterstützt durch eine Visualisierung lassen sich dabei schon auf den ersten Blick interessante Erkenntnisse gewinnen, wie das folgende einfache Beispiel zeigt:

**Beispiel**

Im Folgenden wurde ein Download des Kontos Umsatzerlöse in MS Excel vorgenommen. Dabei wurde jede Transaktion in einer Zeile dargestellt. Unser Beispielunternehmen sollte eine recht homogene Umsatzstruktur aufweisen, da es keine saisonalen Schwankungen hat. Der Abschlussprüfer würde somit im Rahmen der Erwartungsbildung eine mehr oder weniger gerade Linie als Verlauf der Höhe der Umsatzerlöse im Zeitablauf erwarten. Die Zeitreihe umfasste, aggregiert aus den Tagesumsätzen, insgesamt einen Zeitraum von 36 Monaten, der aus der Datumsspalte durch die Extraktion des Monats- und Jahresbestandteils gebildet wurde.

Das Ergebnis wurde sodann in ein einfaches Liniendiagramm überführt:

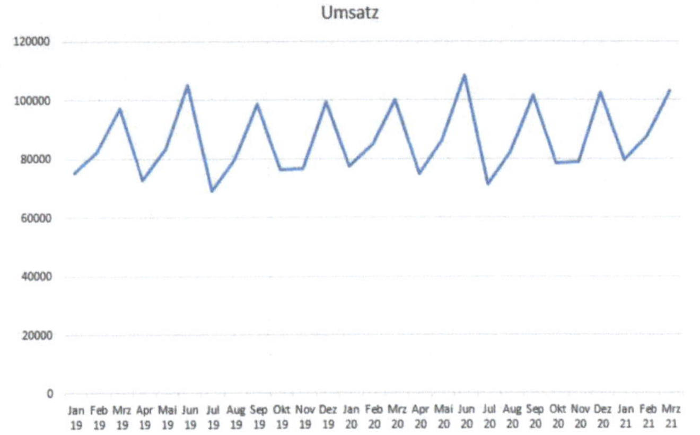


**Abb. 6.3:** Zeitreihenanalyse am Beispiel der Umsatzerlöse

Aus der Zeitreihenanalyse ist erkennbar, dass stets zum Quartalsende ein signifikanter Umsatzanstieg buchhalterisch erfasst wurde, dies schließt das Jahresende mit ein. In Bezug auf die vorherige Erwartungsbildung stellt das Ergebnis einen ungewöhnlichen Verlauf dar, der für den Prüfer einen Ansatzpunkt für weitere Prüfungshandlungen, besonders im Bereich der Periodenabgrenzung, impliziert.

Zeitreihen-Trend-Analysen

Zeitreihenanalysen können nutzbringend auch zur Vorhersage von künftigen Werten (Prognosen) eingesetzt werden. Speziell zweidimensionale Zeitreihenanalysen eignen sich hervorragend zur Trendanalyse. Verwendet man das obige Beispiel und summiert die Felder zu monatlichen Messpunkten auf, so ergibt sich eine zunächst kryptische Datenwolke. Auf dieser Basis lässt sich eine Trendgerade erstellen, die dann eine Aussage zur grundsätzlichen zukünftigen Umsatzentwicklung erlaubt. In diesem Fall ein moderater Anstieg:

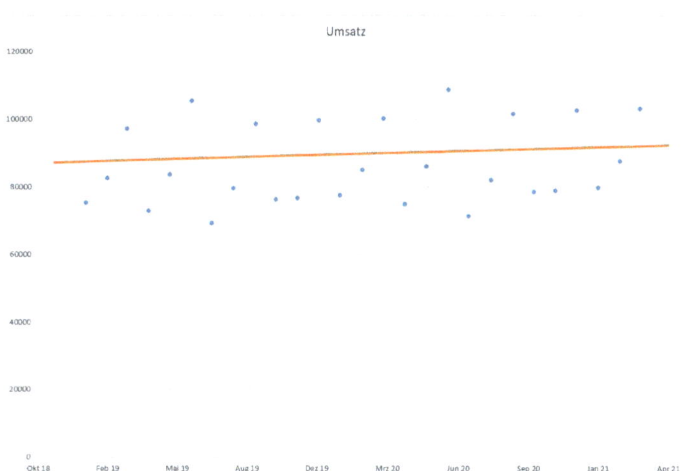


**Abb. 6.4:** Zeitreihenanalyse am Beispiel einer Trendanalyse des Umsatzes

Zeitreihenanalysen mit multiplen Variablen

Vorstehende Analysen sind theoretisch noch um beliebig viele Variablen erweiterbar. Denkbar wäre (um beim vorhergehenden Beispiel zu bleiben) eine Erweiterung um die Kunden.

Aus Vereinfachungsgründen sind hier nur beispielhaft zwei Kunden dargestellt. Die Vorgehensweise ist grundsätzlich identisch mit der Vorgehensweise bei zweidimensionalen Zeitreihen. Zur besseren Übersicht hier zunächst eine verdichtete tabellarische Darstellung in zeitlicher Reihenfolge:

| Datum | Umsatz | Kunde A | Kunde B |
|---|---|---|---|
| Jan 19 | 75.135,00 | 60.108,00 | 15.027,00 |
| Feb 19 | 82.415,00 | 67.580,30 | 14.834,70 |
| Mrz 19 | 97.143,00 | 76.742,97 | 20.400,03 |
| Apr 19 | 72.698,00 | 58.885,38 | 13.812,62 |
| Mai 19 | 83.466,00 | 65.938,14 | 17.527,86 |
| Jun 19 | 105.330,00 | 85.317,30 | 20.012,70 |
| Jul 19 | 69.121,00 | 53.914,38 | 15.206,62 |
| Aug 19 | 79.586,00 | 63.668,80 | 15.917,20 |
| Sep 19 | 98.554,00 | 76.872,12 | 21.681,88 |
| Okt 19 | 76.144,00 | 60.915,20 | 15.228,80 |
| Nov 19 | 76.558,00 | 58.949,66 | 17.608,34 |
| Dez 19 | 99.522,00 | 78.622,38 | 20.899,62 |
| Jan 20 | 77.389,00 | 59.589,53 | 17.799,47 |
| Feb 20 | 84.887,00 | 67.060,73 | 17.826,27 |
| Mrz 20 | 100.057,00 | 76.043,32 | 24.013,68 |
| Apr 20 | 74.879,00 | 58.405,62 | 16.473,38 |
| Mai 20 | 85.970,00 | 65.337,20 | 20.632,80 |
| Jun 20 | 108.490,00 | 84.622,20 | 23.867,80 |
| Jul 20 | 71.195,00 | 53.396,25 | 17.798,75 |
| Aug 20 | 81.974,00 | 63.119,98 | 18.854,02 |
| Sep 20 | 101.511,00 | 76.133,25 | 25.377,75 |
| Okt 20 | 78.428,00 | 60.389,56 | 18.038,44 |
| Nov 20 | 78.855,00 | 58.352,70 | 20.502,30 |
| Dez 20 | 102.508,00 | 77.906,08 | 24.601,92 |
| Jan 21 | 79.711,00 | 58.986,14 | 20.724,86 |
| Feb 21 | 87.434,00 | 66.449,84 | 20.984,16 |
| Mrz 21 | 103.059,00 | 75.233,07 | 27.825,93 |

**Abb. 6.5:** Zeitreihenanalyse ergänzt um zwei Variablen, Umsatz ergänzt um Aufteilung in Kunden

Obwohl diese Tabelle bereits chronologisch sortiert ist, erschließt sich nicht sofort das Abgrenzungsproblem zum Quartalsende. Dieses tritt bei beiden Kunden auf. Deutlich wird es jedoch, wenn man das Ergebnis grafisch aufbereitet:

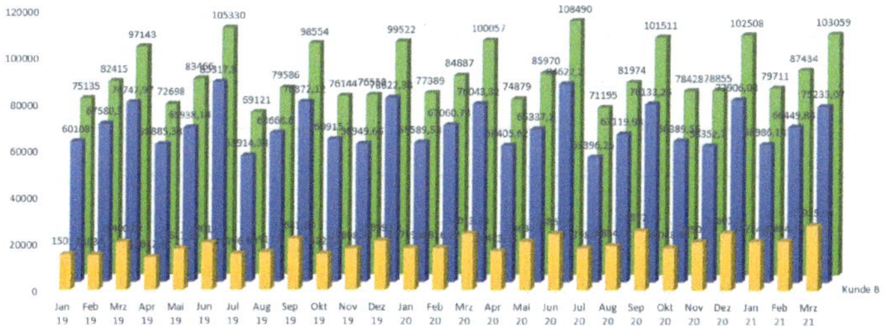


**Abb. 6.6:** Zeitreihenanalyse mit multiplen Variablen

Zeitreihenanalysen mit multiplen Variablen bieten sich insbesondere dann an, wenn man verschiedene Datenmengen hat und diese nach einem oder mehreren Faktoren strukturieren will. Meistens ist dies insbesondere dann der Fall, wenn die zu analysierenden Daten nicht aus einer Tabelle entnommen werden können. In dem vorstehenden Beispiel wurden insgesamt drei Datenabzüge gefertigt (wobei dies jeweils nur Auszüge des Kontos waren): Konto Umsatzerlöse, Konto Umsatzerlöse Kunde A und Kontoumsatzerlöse Kunde B. Letzteres dann über das Personenkonto.

Das Merkmal, nach dem eine Sortierung erfolgen sollte, war dabei das Datum. Um eine auswertbare Datenmenge zu erhalten, wurden also nach dem Export die Tabellen zunächst miteinander verknüpft. Dies kann im Analysetool erfolgen, gelingt jedoch vielfach auch in Tabellenkalkulationsprogrammen, wenn sich ein einheitlich formatiertes Feld findet.

Die auf der vorherigen Seite erzeugte Tabelle besteht somit tatsächlich aus drei zunächst unabhängig voneinander erzeugten Datensätzen, die durch die Zuordnung auf das Monatsfeld vergleichbar gemacht wurden.

**Praxistipp:**
Zeitreihenanalysen mit multiplen Variablen – gerade mit Trendgeraden – sind bei steigendem Informationsgehalt erklärungsbedürftig. Sie leiden dann unter einer hohen Unübersichtlichkeit. Es wird empfohlen, nicht mehr als vier Variablen zu verwenden.

## 6.3 Ziffernanalyse

Eine der wohl bekanntesten Analysemethoden ist die Benford-Analyse. Sie fußt auf einer von Simon Newcomb bereits 1881 erkannten mathematischen Gesetzmäßigkeit zur Verteilung von führenden Ziffern in Zahlenwerken. In einfachen Worten besagt sie: Je niedriger der zahlenmäßige Wert einer Ziffernfolge bestimmter Länge an einer bestimmten Position (erste, zweite, dritte Ziffer ...) einer Zahl ist, desto wahrscheinlicher ist ihr Auftreten.

Newcomb setzte die Hypothese auf, dass die prozentuale Verteilung der Zahlen einer bestimmten Gesetzmäßigkeit folgt. Die Verteilung von Newcomb, die später von Benford wieder aufgegriffen und durch umfangreiche empirische Analysen untersucht wurde und nunmehr als Benfordsche Verteilung bekannt ist, besagt:

Für zufällig gegebene Zahlen wird die Ziffer z (mit z = 1,2,...,9) mit einer gewissen Wahrscheinlichkeit $p(z) = \log_{10}(z+1) - \log_{10}(z)$ als erste (von 0 verschiedene) Ziffer in der Dezimaldarstellung der Zahlen vorkommen.

Berechnet für die Ziffern 1 bis 9 bedeutet dies eine so theoretisch immer wieder auftretende Verteilung der Ziffern mit einer Wahrscheinlichkeit wie folgt:

| **Führende Ziffer** | 1 | 2 | 3 | 4 | 5 | 6 | 7 | 8 | 9 |
|---|---|---|---|---|---|---|---|---|---|
| **Wahrscheinlichkeit** | 30,1 % | 17,6 % | 12,5 % | 9,7 % | 7,9 % | 6,7 % | 5,8 % | 5,1 % | 4,6 % |

i

**Hinweis:**
Die Gesetzmäßigkeit gilt für reale Datensätze, d.h. Datensätze, die durch nicht wissentlich vorgenommene Beeinflussungen entstanden sind, eine gewisse Größenordnung umfassen und einigermaßen zerstreut sind.

Umgekehrt schließt man daraus, dass durch einen manipulativen Eingriff diese Gesetzmäßigkeit durchbrochen wird, d.h. bei manuellen Eingriffen und der Veränderung von Werten durch eine Person diese Werte entweder nach bestimmten Mustern bewusst gewählt sind oder ihre Häufigkeit aufgrund von unbewussten Sympathien und Antipathien für bestimmte Zahlen nicht mehr realen Datensätzen gleicht.

Eingang hat die Benford-Analyse daher in den Bereich von forensischen Analysen, Steuerprüfungen und Unregelmäßigkeitsuntersuchungen, beispielsweise das Journal Entry Testing im Rahmen der Jahresabschlussprüfung, gefunden.

Die Benfordsche Datenanalyse dient hauptsächlich dazu, große Datensätze zu plausibilisieren, beispielsweise Umsatzbuchungen, Aufwandsbuchungen, Einkaufsrechnungen, Reisekostenabrechnungen oder Lohnauszahlungen.

Im „Normalfall", also bei einer homogenen Datenmenge, kann die Gesetzmäßigkeit nach der Benford-Regel sehr anschaulich durch ein Diagramm dargestellt werden. Nahezu alle Datenanalyseprogramme haben heutzutage eine Funktionalität zur Benford-Analyse im Portfolio.

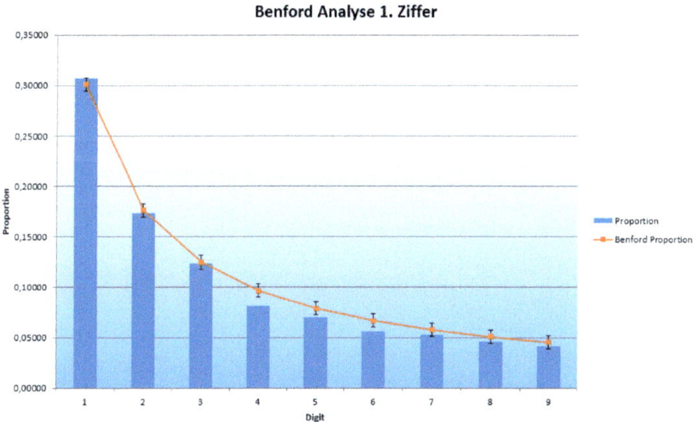


**Abb. 6.7:** Benford-Diagramm am Beispiel der 1. Ziffer

Die Alternativdarstellung als Tabelle liefert dabei nur dem geübten Analytiker den gleichen Informationsgehalt:

| Second Digit Test | Second Digit | Count | Proportion | Benford Proportion | Difference | Upper Bound | Lower Bound | Z Statistic |
|---|---|---|---|---|---|---|---|---|
| | 0 | 65.294 | 0,20105 | 0,11968 | 0,0813694 | 0,10800 | 0,11856 | 142,8579 |
| | 1 | 34.383 | 0,10587 | 0,11389 | 0,0080200 | 0,11498 | 0,11280 | 14,38438 |
| | 2 | 31.039 | 0,09557 | 0,10882 | 0,0132481 | 0,10989 | 0,10775 | 24,24084 |
| | 3 | 29.558 | 0,09101 | 0,10433 | 0,0133163 | 0,10538 | 0,10328 | 24,82230 |
| | 4 | 29.820 | 0,09182 | 0,10031 | 0,0084882 | 0,10134 | 0,09927 | 16,09939 |
| | 5 | 30.466 | 0,09381 | 0,09668 | 0,0028682 | 0,09770 | 0,09566 | 5,528040 |
| | 6 | 26.733 | 0,08231 | 0,09337 | 0,0110601 | 0,09438 | 0,09237 | 21,65981 |
| | 7 | 26.547 | 0,08174 | 0,09035 | 0,0086101 | 0,09134 | 0,08936 | 17,11229 |
| | 8 | 25.688 | 0,07910 | 0,08757 | 0,0084731 | 0,08854 | 0,08660 | 17,07935 |
| | 9 | 25.238 | 0,07771 | 0,08500 | 0,0072860 | 0,08596 | 0,08404 | 14,88572 |
| | Total | 324.766 | | Mean Absolute Difference | 0,0162739 | | | |

**Abb. 6.8:** Benford-Analyse in Tabellenform

Gleichwohl kann die Benford-Analyse auch mithilfe eines üblichen Tabellenkalkulationsprogramms, beispielsweise MS Excel, erstellt und visualisiert werden.

## Beispiel

Die zu analysierenden Daten sollen zunächst in einer einzeiligen Zeilenstruktur vorliegen, also beispielsweise: eine Spalte Rechnungsnummer, daneben Datum, dann Betrag usw. Nehmen wir an, wir wollten in einem Datensatz der Umsatzerlöse die Wertbeträge auf die Benfordsche Regel hin untersuchen.

Zunächst würde man die erste Ziffer der Wertbeträge in einer gesonderten Spalte extrahieren:

| | A | B | C | D | E | F | G |
|---|---|---|---|---|---|---|---|
| 1 | BUCHUNGSDATUM | BUCHUNGSNUMMER | S/H | BUCHUNGSBETRAG | ERSTE ZIFFER | | |
| 2 | 01.01.2019 | REB161843 | S | 1,64 | =LINKS(D2;1) | | |
| 3 | 01.01.2019 | REB161843 | H | 4,99 | LINKS(Text; [Anzahl_Zeichen]) | | |
| 4 | 01.01.2019 | REB161843 | S | 3,35 | 3 | | |
| 5 | 01.01.2019 | REB161844 | S | 170,54 | 1 | | |
| 6 | 01.01.2019 | REB161844 | H | 1.068,14 | 1 | | |
| 7 | 01.01.2019 | REB161844 | S | 897,60 | 8 | | |
| 8 | 01.01.2019 | REB161845 | S | 250,34 | 2 | | |
| 9 | 01.01.2019 | REB161845 | H | 1.567,94 | 1 | | |
| 10 | | | | | | | |

**Abb. 6.9:** Auslesen der ersten Ziffer aus der Spalte „Buchungsbetrag“ in MS Excel

Zieht man die Formel über alle Spalteneinträge, sieht man, dass in zweiter Zeile das „Minus“ statt der ersten Ziffer extrahiert wird. Es braucht nun eine smarte Lösung, indem man die Beträge alle zu positiven Werten ändert. Um die Soll- und Habenidentität der Buchung zu wahren, hilft man sich beispielsweise, indem man negative Beträge mit H für Habenbuchungen und positive Beträge als Sollbuchungen ausweist.

| | A | B | C | D | E |
|---|---|---|---|---|---|
| 1 | BUCHUNGSDATUM | BUCHUNGSNUMMER | S/H | BUCHUNGSBETRAG | ERSTE ZIFFER |
| 2 | 01.01.2019 | REB161843 | S | 1,64 | 1 |
| 3 | 01.01.2019 | REB161843 | H | 4,99 | 4 |
| 4 | 01.01.2019 | REB161843 | S | 3,35 | 3 |
| 5 | 01.01.2019 | REB161844 | S | 170,54 | 1 |
| 6 | 01.01.2019 | REB161844 | H | 1.068,14 | 1 |
| 7 | 01.01.2019 | REB161844 | S | 897,60 | 8 |
| 8 | 01.01.2019 | REB161845 | S | 250,34 | 2 |
| 9 | 01.01.2019 | REB161845 | H | 1.567,94 | 1 |

**Abb. 6.10:** Fortführung vorheriges Beispiel – die Formel wurde in den gesamten Tabellenbereich kopiert

Es bedarf nun einer Analyse der Häufigkeit, in der die Werte 1 bis 9 als erste führende Ziffer im Datensatz auftreten. Eine Möglichkeit wäre es, eine Pivotauswertung auf die Ergebnisspalten zu erstellen. Diese kann schnell angepasst werden. Alternativ kann auch die „ZÄHLENWENN"-Funktion genutzt werden. Diese ist dann auf die zu untersuchende Ziffer einzugrenzen.

| A | B | C | D | E |
|---|---|---|---|---|
| BUCHUNGSDATUM | BUCHUNGSNUMMER | S/H | BUCHUNGSBETRAG | ERSTE ZIFFER |
| 01.01.2019 | REB161843 | S | 1,64 | 1 |
| 01.01.2019 | REB161843 | H | 4,99 | 4 |
| 01.01.2019 | REB161843 | S | 3,35 | 3 |
| 01.01.2019 | REB161844 | S | 170,54 | 1 |
| 01.01.2019 | REB161844 | H | 1.068,14 | 1 |
| 01.01.2019 | REB161844 | S | 897,60 | 8 |
| 01.01.2019 | REB161845 | S | 250,34 | 2 |
| 01.01.2019 | REB161845 | H | 1.567,94 | 1 |

| ERSTE ZIFFER | Anzahl |
|---|---|
| 1 | =ZÄHLENWENN(E:E;H8) |
| 2 | ZÄHLENWENN(Bereich; Suchkriterien) |
| 3 | 32.286 |
| 4 | 25.802 |
| 5 | 20.719 |
| 6 | 18.825 |
| 7 | 16.259 |
| 8 | 13.758 |
| 9 | 13.020 |

**Abb. 6.11:** Auslesen der Anzahl der ersten Ziffer durch die „ZÄHLENWENN"-Funktion in MS Excel

In einem zweiten Schritt geht es nun um die Ergebnisvisualisierung. Dies kann über das Einfügen eines Säulendiagramms erfolgen:

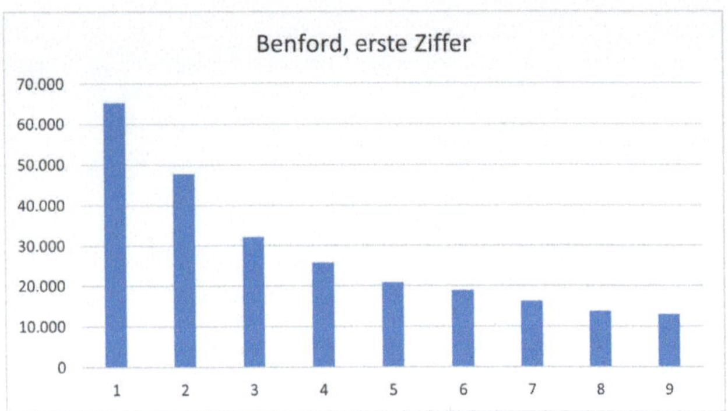


**Abb. 6.12:** Visualisierung des vorherigen Beispiels als Säulendiagramm

Wie man sieht, weist das Ergebnis eine absteigende Folge der Zahlenwerte auf, was der Benfordschen Regel entspricht. Man kann die Analysen beliebig auf weitere Ziffernfolgen, beispielsweise die ersten beiden Ziffern ausweiten.

Die Benford-Analyse eignet sich erfahrungsgemäß hervorragend, um Datenanomalien, wie sie etwa durch manuelle Eingriffe oder Manipulationen entstehen, aufzuzeigen.

**Beispiel**

Eine Datenanalyse soll die Prüfung des internen Kontrollsystems flankieren und dabei die Prüfung der Einhaltung der Unterschriften- und Freigaberegelung unterstützen. Diese ist im Beispielunternehmen vereinfacht dreistufig: bis 1.000 € der Einkäufer, bis einschließlich 5.000 € der Einkaufsleiter und darüber hinaus die Geschäftsführung.

Eine Analyse der GoBD-Daten-Kreditoren ergibt eine statistische Häufung bei der Zahl 5, bezogen auf die Eingangsrechnungen. Tatsächlich gibt es zudem einen erhöhten Wert bei der Zahl 1, der jedoch nicht so auffällig ist, weil die 1 ohnehin nach den oben erläuterten Gesetzmäßigkeiten überproportional häufig auftritt. Eine weitergehende Analyse der Häufigkeit der Zahl 5 ergibt, dass diese im Zusammenhang mit der Ziffer 0 als zweite, dritte und vierte Ziffer steht, d.h. als Wert 5.000 ergibt. Dies bedeutet nun zunächst nur, dass überproportional über dem Erwartungswert der Betrag von 5.000 € als Kreditorenrechnung aufgefallen ist. In einer weiterführenden Auswertung stellt sich heraus, dass die Beträge in kleinen „Gruppen" zeitlich und sachlich zusammenhängend auftreten, also beispielsweise drei Rechnungen à 5.000 € das gleiche Rechnungsdatum und fortlaufende Nummern haben. Dies ist in dieser Konstellation mehr als ungewöhnlich und deutet auf ein Unterlaufen der Unterschriften- und Freigaberegelung hin.

Diese Auswertung kann mit einem gängigen GoBD-Datensatz vorgenommen werden. Die benötigten Informationen sind einzig die Unterschriften- und Freigaberegelungen sowie der Datensatz.

## 6.4 Regressionsanalyse

Die Regressionsanalyse zeigt die Relationen zwischen verschiedenen Variablen. Im Sinne der Datenanalyse kann vereinfacht zunächst methodisch nach dem Analysezweck unterschieden werden, zum einen nach Analyseverfahren, die eine bekannte Relation beispielsweise wertmäßig auswerten sollen (positive Analyse) – ein einfaches Beispiel wäre hier eine Rohmargenanalyse, die die Relation zwischen Umsatzerlösen und Materialaufwand analysiert –, und zum anderen nach Analyseverfahren, die eine Relation zwischen Variablen finden sollen (negative Analyse).

Am gebräuchlichsten sind zweidimensionale Positivanalysen. Der Abschlussprüfer ist entsprechend den Prüfungsstandards gehalten, eine Erwartung zu bilden und diese dann im Rahmen der Abschlussprüfung entsprechend zu verifizieren. Für eine Analyse bedarf es dabei meistens nur eines einfachen Datenextraktes, der dann ähnlich wie bei einer Zeitreihenanalyse aufbereitet und ausgewertet wird.

**Beispiel**

Kommen wir auf das Beispiel aus der Zeitreihenanalyse zurück: Hier wurde die Umsatzreihe analysiert. Für eine Margenanalyse muss dem Umsatz der entsprechende Materialaufwand zugeordnet werden. Eine Übersicht über den Materialaufwand kann grundsätzlich ebenso generiert werden wie die Zeitreihe der Umsatzerlöse. Zur

Verknüpfung beider Datenmengen muss ein Merkmal gesucht werden, das in beiden Datensätzen eineindeutig vorhanden ist.

In der Praxis eignen sich dafür Informationen zu Kostenträgern oder Auftragsnummern. Gerade auch vollintegrierte ERP-Systeme nutzen interne Referenznummern. Hierdurch ist eine Verknüpfung auch für ungeübte Anwender mit einfachen Tabellenkalkulationsprogrammen möglich.

In unserem Beispiel werden den Umsatzerlösen in zeitlicher Zuordnung die Materialaufwendungen gegenübergestellt. Das Ergebnis stellt sich hier wie folgt dar:

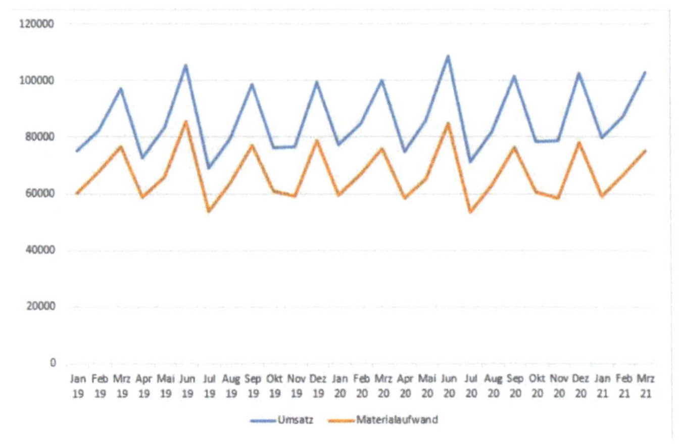


**Abb. 6.13:** Entwicklung von Umsatzerlösen und Materialaufwand im Zeitablauf

**Praxistipp:**
Das vorstehende Beispiel erscheint recht profan und unterstellt eine Eins-zu-eins-Beziehung zwischen (in unserem Beispiel) Umsatz und Material. Spannend wird es jedoch, wenn die Materialaufwandsdaten zwar grundsätzlich vorliegen, jedoch nicht direkt einem Umsatz zugeordnet werden können, also zwei abstrakte Datenreihen bestehen, die miteinander verglichen werden. Theoretisch sollte sich bei konstanter Marge dann ein vergleichbares Bild ergeben.

Regressionsanalysen dienen wie ausgeführt neben der Prognose dazu, Abhängigkeiten von Variablen aufzuzeigen. Gerade bei „negativen“ Regressionsanalysen ist die korrelierende Variable gänzlich unbekannt und muss zunächst identifiziert werden. Hierbei zeigt sich jedoch die Stärke von Datenanalysemodellen.

Methodisch ist das Vorgehen dabei top-down-geprägt. Es sollten also zunächst hoch aggregierte Zahlenmengen oder Variablen untersucht werden. Hierdurch wird die Menge der detailliert zu untersuchenden Variablen eingeschränkt. Dieses Vorgehen dient dazu, die gegenseitig voneinander abhängigen Variablen zu identifizieren.

**Praxistipp:**
Für eine Grobanalyse eignen sich meistens graphische Darstellungen als Linien- oder Punktdiagramm sehr gut. Für eine belastbare Aussage wird man jedoch letztlich nicht umhinkommen, Abweichungen zu analysieren.

# 7 Datengrundlage und das Rüstwerkzeug

## 7.1 Auswahl der geeigneten Datenanalysewerkzeuge

Jede Art von Datenanalyse benötigt ein geeignetes Werkzeug. Dabei gilt es zu beurteilen, welche Anforderungen man an die Datenanalyse und die Prüfungsdurchführung stellt.

Aus der Praxis betrachtet sind folgende Kernfaktoren die wichtigsten Elemente zur Beurteilung der richtigen Software:

- das Datenvolumen,
- die Möglichkeiten zur Transformation der Daten,
- die Möglichkeiten der statistischen und vordefinierten Auswertungen,
- die Benutzerfreundlichkeit und
- die erforderlichen Programmierkenntnisse.

Aus unserer Erfahrung mit Datenanalysen möchten wir dem Leser einen Überblick über die aus unserer Sicht wichtigsten Funktionen im Rahmen von Datenanalyseverfahren geben, die am häufigsten in unserer Praxis Anwendung finden. Eine ausführliche Betrachtung von gängiger Software, die im Rahmen von Prüfungen zum Einsatz kommen könnte, erfolgt in Kapitel 10.3.

Die folgende Tabelle soll dabei helfen, sich ein Bild von den bereits bekannten Funktionen und den noch darüber hinaus möglichen Funktionen zur Analyse von Daten zu machen.

Aus unserer Sicht gehören zum Grundwerkzeug einer Datenanalyse folgende Funktionen:

| Funktion | Beschreibung |
|---|---|
| Anhängen | – Anhängen von Zeilen: Zusammenführen mehrerer Tabellen/Datensätze aus unterschiedlichen Quellen<br>– Anhängen von Spalten: Zusammenführen aus unterschiedlichen Tabellen/Datensätzen mit Hilfe eines Primärschlüssels (Bindeglieds) |
| Berechnungen (Anhängen von Spalten) | Manuelles Hinzufügen von Spalten in bestehende Tabellen. Spalten können Berechnungen oder Transformationen von Daten enthalten, die sich auf bestimmte Tabelleninhalte beziehen. |

| Funktion | Beschreibung |
|---|---|
| Extrahieren | Extraktion von Daten nach bestimmten, selbst definierten Kriterien. Nur zutreffende Zeilen werden als Ergebnis zurückgegeben. |
| Filtern | Extraktion bzw. Filterung von Daten nach bestimmten Vorgaben. Für einzelne Spalten ist zu bestimmen, welche Ergebnisse angezeigt werden sollen. Die weiteren Spalten der Tabelle richten sich automatisch nach der Filterung. |
| Gruppieren | Gruppieren ausgewählter Zeilen oder Spalten, um die Übersichtlichkeit der Tabelle zu erhöhen. Dabei dient die Gruppierung meist dazu, eine übergeordnete Ebene darzustellen, und ist über eine Anzeige in eine Detailübersicht der einzelnen Einträge überführbar. |
| Lückenanalyse | Analyse von Lücken innerhalb einer Spalte, bezogen auf beispielsweise Nummernfortführung zwischen min. gefundene Zahl und max. gefundene Zahl (oder ausgewähltem Bereich). Bsp.: „1, 2, 4, 5“: Lücke bei „3“ für genau „1“ Wert. |
| Mehrfachanalyse | Analyse nach der Mehrfachbelegung von Tabelleninhalten. Diese Analyse kann durchgeführt werden mit einzelnen Spalten oder mit mehreren Spalten. Bei Auswahl mehrerer Spalten gilt eine „Mehrfachbelegung“, wenn die Zeileninhalte in den ausgewählten Spalten sich in identischer Weise auch in einer anderen Zeile befinden.<br><br>Möglichkeit nach „Ausschluss“-Verfahren; es werden alle Zeilen angezeigt, die sich in einem bestimmten Spalteninhalt unterscheiden:<br><br>– Ausgabe aller Zeilen, die eine „Mehrfachbelegung“ aufweisen<br><br>oder<br><br>– Ausgabe aller Zeilen, die keine „Mehrfachbelegung“ aufweisen |
| Pivot | Möglichkeit der Reduktion und Schaffung von Übersichtlichkeit von großen Datenmengen, ohne die Grundgesamtheit zu modifizieren. Möglichkeit der freien Gruppierung von Feldern und Erstellung von Kreuztabellen (beispielsweise Anzahl Buchungen pro Belegart oder Anzahl Anlagen pro Nutzungsdauer und Anlagenklasse).<br><br>Bei Pivot bietet sich die Möglichkeit des „drill-downs“ – und damit der Anzeige auf Einzelzeilenebene des Datensatzes. |
| Schichten | Schichten der Tabelleninhalte nach bestimmten festgelegten Kriterien.<br><br>Beispielsweise Schichten von Buchungen nach der Höhe des Buchungsbetrags:<br><br>Schichtung 1: 0,00 € – 10.000,00 €,<br>Schichtung 2: 10.000,01 € – 20.000,00 €<br>usw. |

| Funktion | Beschreibung |
|---|---|
| Schlagwortsuche (Fuzzy) | Suche in ausgewählter Spalte nach einem festgelegten Begriff und Rückgabe aller Zeilen, in denen der Begriff vorkommt.<br>Einen Sonderfall stellt die „Fuzzy-Suche“ dar, die als „unscharfe“ Suche bezeichnet werden kann. Hierbei wird nicht die exakte Zeichenkette gesucht, sondern eine Abstufung über eine Ähnlichkeitszuweisung. |
| Sortieren | Sortieren der Spalte nach einem ausgewählten Kriterium, wie beispielsweise der Größe nach. |
| Spalten zusammenführen | Zusammenführen/Verketten von mehreren Spalten in einer Spalte. |
| Spalte mit besonderer Berechnung einführen | Berechnungen, die sich auf andere Zellen beziehen, werden mit dem Zellbezug über das Anwenden von Funktionen/Formeln für die Spalte eingesetzt. |
| Splitten | Das Spalten nach bestimmten Merkmalen von einer in zwei einzelne Spalten. |
| Statistische Parameter | Die Berechnung von statistischen Parametern, wie beispielsweise Mittelwert, Median, Standardabweichung, Korrelation usw. |
| Summieren | Das Aufsummieren von Feldern bzw. eines Zellbereichs nach bestimmten Kriterien. |
| Top-Datensätze | Rückgabe von (maximalen oder minimalen) Datensätze einer ausgewählten Spalte nach vorgegebenen Kriterien. |
| Verbinden | Verbinden von Tabellen anhand eines gemeinsamen Schlüssels (übereinstimmende Spalten) |
| Vergleichen | Die Möglichkeit, zwei Tabellen anhand eines gemeinsamen Schlüssels zu vergleichen. Als Schlüssel kann beispielsweise die Belegnummer und als Vergleich die Summe der Belegbeträge gebildet werden. In einer Tabelle wird für jede Belegnummer die Belegsumme für beide Tabellen ausgegeben und automatisch die Differenz berechnet. |
| Werte ersetzen | Ersetzen von Werten/Zeichenketten durch neue Werte/Zeichenketten. |

**Praxistipp:**
Die meisten Funktionen der vorstehenden Tabelle lassen sich auch mit wenig Übung durch gängige Tabellenkalkulationsprogramme modellieren. Es bedarf also nicht immer ausgefeilter Analysesoftware.

## 7.2 Bestimmung der Datengrundlage

Essenziell für jeden weiteren Prüfungsschritt ist die Bestimmung der Datengrundlage. Der Prüfer hat in diesem Schritt Klarheit darüber zu erlangen, welche Daten er für sein vorgegebenes Datenanalyseobjekt und um sein Prüfergebnis zu erzielen, braucht. Es hilft hier eine umfassende Betrachtung der Daten, die in einem Prozess entstehen und insbesondere die Kenntnis der IT-gestützten Verarbeitung und Abspeicherung im ERP-System.

Der Prüfer sollte vor Anforderung der Daten seine Datengrundlage dezidiert definieren, d.h. einzelne Datenfelder bzw. Tabellen benennen können und gegebenenfalls den Zusammenhang zu anderen verwertbaren Tabellen und Daten für sich auflisten.

Je nach ERP-System sind unterschiedliche Tabellen, Reports und Auswertungsmöglichkeiten vorhanden, die der Prüfer im Vorfeld für seine Analyse eruieren sollte.

**Praxistipp:**
Es empfiehlt sich, auf der kleinstmöglichen Datengrundlage, die für die Aussage benötigt wird, aufzusetzen und quasi alle unnötigen Daten im besten Fall aus dem System nicht zu extrahieren bzw. sie direkt zu filtern und auszublenden, um zielgerichtet und effizient zu der gewünschten Prüfungsaussage zu gelangen. Neben der Einschränkung des Datenvolumens dient dieser Tipp in der Praxis auch insbesondere der Übersichtlichkeit der Datengrundlage.

Im Rahmen der Definition der Daten hat der Prüfer auf folgende Fragen zu achten:

- Welche Informationen werden durch den Geschäftsvorfall ausgelöst und welche werden in der Anwendung gespeichert?
- Welche einzelnen Datenbankfelder werden im ERP-System pro Buchungssatz gespeichert?
- Welche Datenbankfelder/Informationen werden für die Fragestellung benötigt?
- Für welchen Mandanten, Buchungskreis, Kostenträger etc. wird die Datenanalyse abgegrenzt?

- Für welchen Zeitpunkt/ Zeitraum wird das Datenanalyseobjekt ausgewertet?
- Gibt es neben den definierten Datenfeldern noch ergänzende Angaben, die für das Analyseobjekt wichtig sind und für die Analyse gebraucht werden bzw. hilfreich wären?
- Welchen Umfang haben die ausgewählten Datensätze (Anzahl und Umfang der Datengröße)?
- Welche Extraktionsmöglichkeiten gibt es für die erforderlichen Daten?
- In welchen Dateiformaten werden die Daten extrahiert und sind diese für die weiteren Datenanalysetools weiterverwertbar?
- Gibt es eine Möglichkeit, im ERP-System auf die Daten zuzugreifen und die Auswertung innerhalb des ERP-Systems auszuführen? Ist es möglich, damit auf eine Datenextraktion der Grundgesamtheit zu verzichten und lediglich die Ergebnisse zu extrahieren?

**Beispiel**

Exkurs SAP

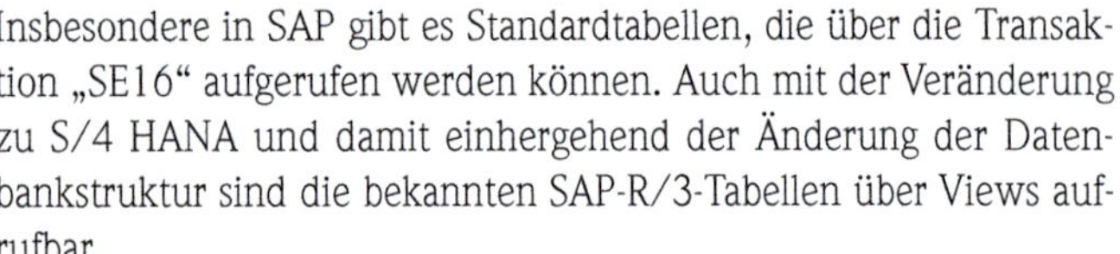

Insbesondere in SAP gibt es Standardtabellen, die über die Transaktion „SE16“ aufgerufen werden können. Auch mit der Veränderung zu S/4 HANA und damit einhergehend der Änderung der Datenbankstruktur sind die bekannten SAP-R/3-Tabellen über Views aufrufbar.

Die wichtigsten SAP-Tabellen für die Finanzbuchhaltung inklusive ihrer Nebenbücher sind:

| Tabelle | Bezeichnung |
|---|---|
| T001 | Buchungskreise |
| KNA1 | Kundenstamm (allgemeiner Teil) |
| KNBK | Kundenstamm (Bankverbindungen) |
| KNB1 | Kundenstamm (Buchungskreis) |
| KBB5 | Kundenstamm (Mahndaten) |
| LFA1 | Lieferantenstamm (allgemeiner Teil) |
| LFB1 | Lieferantenstamm (Buchungskreis) |
| LFBK | Lieferantenstamm (Bankverbindungen) |
| LFB5 | Lieferantenstamm (Mahndaten) |

| Tabelle | Bezeichnung |
|---|---|
| SKA1 | Sachkontenstamm (Kontenplan) |
| SKB1 | Sachkontenstamm (Buchungskreis) |
| SKAT | Sachkontenstamm (Kontenplan Bezeichnung) |
| ANLA | Anlagenstammsatzsegment |
| ANLP | Anlagenperiodenwerte |
| ANLB | Abschreibungsparameter |
| ANLZ | Valutierte Anlagenzuordnungen |
| ANEK | Belegkopf Anlagenbuchhaltung |
| ANEP | Anlageneinzelposten |
| BKPF | Belegkopf für Buchhaltung |
| BSEG | Belegsegment für Buchhaltung |
| BSEC | Belegsegment CpD-Daten |
| BSET | Belegsegment für Steuerdaten |
| KNC1 | Kundenstamm Verkehrszahlen |
| LFC1 | Lieferantenstamm Verkehrszahlen |
| PAYR | Zahlungsträgerdatei |
| REGUH | Regulierungsdaten aus Zahlprogrammen |
| T052 | Zahlungsbedingungen |

**Praxistipp:**
SAP-Tabellen: „BSEG" – Belegsegment für Buchhaltung

Für die Auswertung der Buchhaltungsdateien im Hauptbuch wird die Tabelle „BSEG" mit ihren Belegsegmenten herangezogen. Da selbst in mittelständischen Unternehmen diese Tabelle bereits mehrere Hunderttausende von Buchungszeilen umfassen kann, ist das Extrahieren dieser Tabelle in der Praxis sehr erschwert. Die Lösung des Problems liegt entweder im Einsatz des Datenextraktionstools (DART) bzw. in einer Granulierung in folgende Teilsegmentierungen und Einzeltabellen:

- BSAD: Buchhaltung Sekundärindex für Debitoren (ausgeglichene Posten)
- BSAK: Buchhaltung Sekundärindex für Kreditoren (ausgeglichene Posten)

- BSAS: Buchhaltung Sekundärindex für Sachkonten (ausgeglichene Posten)
- BSID: Buchhaltung Sekundärindex für Debitoren (offene Posten)
- BSIK: Buchhaltung Sekundärindex für Kreditoren (offene Posten)
- BSIS: Buchhaltung Sekundärindex für Sachkonten (offene Posten)

SAP bietet neben der Extraktion und Überführung der Daten in Analysetools zur weiteren Verarbeitung auch viele Möglichkeiten, über die Transaktionen „SE16H" bzw. „SE16N" bzw. über den QuickViewer Verbindungen zu einzelnen Tabellen, Filterungen und Gruppierungen durchzuführen, um erste Analyseergebnisse im System zu erhalten bzw. nur die gewünschten Teilmengen der Daten zu extrahieren. Eine weiterführende Untersuchung dazu würde jedoch an dieser Stelle den Rahmen sprengen.

## 7.3 Bereitstellung der Datengrundlage

Die Möglichkeit des Abschlussprüfers, eine umfassende Datenanalyse über die IT-gestützten Buchhaltungsdaten auszuführen, ergibt sich aus der Vorlagepflicht bzw. dem Auskunftsrecht insbesondere nach § 320 HGB. Nach § 320 Abs. 2 HGB kann der Abschlussprüfer von den gesetzlichen Vertretern alle Aufklärungen und Nachweise verlangen, die für eine sorgfältige Prüfung notwendig sind. Weiter haben die gesetzlichen Vertreter nach § 320 Abs. 1 Satz 2 HGB dem Abschlussprüfer zu gestatten, die Bücher und Schriften der Kapitalgesellschaft sowie die Vermögensgegenstände und Schulden zu prüfen. Werden für die Jahresabschlussprüfung sowie die Prüfung einzelner Prüfposten personenbezogene Daten benötigt, treten insbesondere das Bundesdatenschutzgesetz (BDSG) und § 32 BDSG als subsidiäres Recht hinter die Regelungen des HGB. Bei der Abfrage der Daten sollte jedoch zu jeder Zeit auf einen Bezug zu einer bestimmten, den Jahresabschluss betreffenden Fragestellung verwiesen werden können.

**Praxistipp:**
Vielfach wird argumentiert, dass ein Datenabzug nur durch die IT-Mitarbeiter oder Administratoren erfolgen kann. Nach unseren Erfahrungen verfügen die meisten ERP-Systeme über Usereinstellungen, die es dem Mitarbeiter der Buchhaltung erlauben, zumindest

einen GoBD-(vormals GDPdU-)Datenabzug vorzunehmen. Lassen Sie sich als Prüfer daher immer ein ähnliches Profil (jedoch mit „Nur Leserechte") einrichten und machen Sie den Datenabzug selbst. Vergessen Sie dabei nicht, die Abfrageparameter abzuspeichern und zu dokumentieren.

Die Bereitstellung von Datenmengen und insbesondere der standardisierten Daten nach GoBD sind den Unternehmen auch nicht mehr fremd. Immer mehr stützten sich die Betriebsprüfungen und Behörden auf standardisierte Ausgaben der Daten aus der Buchführung.

Zum Prozess der Bereitstellung der Datengrundlage müssen zunächst mehrere Fragen beantwortet werden:

- Wie groß ist die erwartete Datenmenge?

In Abhängigkeit von der Datenmenge, die man extrahieren möchte, kann es notwendig werden, unterschiedliche Techniken anzuwenden. Es ist im Vorfeld abzustecken, um welches Datenvolumen es sich handelt, um zu verifizieren, ob der Datenabzug eigenständig durch den Prüfer durchgeführt werden kann oder beispielsweise durch einen IT-Mitarbeiter des Mandanten vorgenommen werden muss. Ist die Datenmenge zu groß für einen einmaligen Datenabzug, kann es helfen, die Datenmenge in Teilmengen zu unterteilen und nach dem Export in einem Datenanalyseprogramm wieder zusammenzuführen.

- Wer ist befugt, die Daten aus den Systemen zu exportieren?

Eine weitere Frage, die sich oftmals stellt, ist, ob der Prüfer den Datenabzug eigenständig durchführt oder ein Mitarbeiter des zu prüfenden Unternehmens den Datenabzug vollzieht und die Ergebnisse dem Prüfer zur Verfügung stellt. Beide Vorgehensweisen beinhalten sowohl Vor- als auch Nachteile. Während der selbstständige Abzug durch den Prüfer sicherlich den Vorteil hat, dass er sicherstellen kann, die notwendigen Vorgaben eingehalten zu haben und dadurch die Manipulationsgefahr zu senken, setzt dieses Vorgehen jedoch voraus, dass der Prüfer die Datengrundlage samt Export auch technisch durchführen kann.

Dies verlangt zwangsläufig, dass der Prüfer das ERP-System und die GoBD-Exportfunktion bzw. die Daten- und Tabellenstruktur samt Exportmöglichkeiten kennt. Anders herum setzt der Abzug auch einen Zugang zum IT-System voraus. Meist bei großen Datenmengen dauert ein Datenabzug mehrere Stunden und sollte, um den laufenden Betrieb im ERP-System nicht zu behindern, abends oder über Nacht erfolgen. Erfolgt der Datenabzug über den Mandanten, hat der Prüfer über geeignete Validierungsmöglichkeiten sicherzustellen, dass die Richtigkeit, Vollständigkeit und Unveränderbarkeit der Datengrundlage gewährleistet ist.

- Stehen Extraktionstools bzw. eine GoBD-Schnittstelle für einen standardgemäßen Abzug der Datengrundlage zur Verfügung?

Für die Bereitstellung der Datengrundlage stehen unterschiedliche Möglichkeiten zur Verfügung. Eine Möglichkeit kann es sein, Datenanalysen beim Mandanten auf dem System durchzuführen, sodass eine Extraktion der Daten und eine weitere Verarbeitung außerhalb des ERP-Systems obsolet wird. Dies ist jedoch nur bei bestimmten ERP-Systemen möglich und setzt explizit einen Zugang des Prüfers sowie die Ermöglichung der Rollen- und Rechtevergabe darin voraus sowie die Fähigkeit des Prüfers, sich im ERP-System seine Analysen auswertbar machen zu können. In der Praxis steht daher bei den meisten ERP-Systemen vermehrt die GoBD-Schnittstelle zur Verfügung, über die der Datensatz standardisiert extrahiert werden kann. Mit Inkrafttreten der „Grundsätze zum Datenzugriff und zur Prüfbarkeit digitaler Unterlagen (GDPdU)" am 1. Januar 2002 konkretisierten sich die Mitwirkungspflichten der Steuerpflichtigen. Steuerrelevante Daten mussten demnach archiviert und bei Bedarf den Finanzbehörden zugänglich gemacht werden.

i

**Hinweis:**
Die GDPdU wurden am 1. Januar 2015 von den GoBD abgelöst, die die GDPdU und die GoBS zusammenführten. Dennoch ist in der Praxis für den Datensatz noch immer der Begriff GDPdU-Datenextrakt geläufig.

Aus den „Grundsätzen zur ordnungsmäßigen Führung und Aufbewahrung von Büchern, Aufzeichnungen und Unterlagen in elektronischer Form sowie zum Datenzugriff (GoBD)" geht die Verpflichtung hervor, Datenzugriffs- und Datenauswertungsmöglichkeiten der Finanzverwaltung im Rahmen von Außenprüfungen zu gewährleisten. Dabei unterscheidet man in der GoBD zwischen drei Möglichkeiten, die in der Praxis als Z1-, Z2- und Z3-Zugriff bezeichnet werden.

Zum Einen gibt es den unmittelbaren Datenzugriff (Z1), bei dem der Finanzbehörde das Recht eingeräumt wird, selbst unmittelbar auf das DV-System dergestalt zuzugreifen, dass sie in Form des Nur-Lesezugriffs Einsicht in die aufzeichnungs- und aufbewahrungspflichtigen Daten nehmen kann und die vom Steuerpflichtigen oder von einem beauftragten Dritten eingesetzte Hard- und Software zur Prüfung der gespeicherten Daten einschließlich der jeweiligen Meta-, Stamm- und Bewegungsdaten sowie der entsprechenden Verknüpfungen (z.B. zwischen den Tabellen einer relationalen Datenbank) nutzt.[12]

Als zweite Möglichkeit steht der mittelbare Datenzugriff (Z2) zur Verfügung. Hier kann der Steuerpflichtige auf Verlangen der Finanzbehörde an ihrer Stelle die aufzeichnungs- und aufbewahrungspflichtigen Daten nach ihren Vorgaben maschinell auswerten oder von einem beauftragten Dritten maschinell auswerten lassen. Es kann nur eine maschinelle Auswertung unter Verwendung der im DV-System des Steuerpflichtigen oder des beauftragten Dritten vorhandenen Auswertungsmöglichkeiten verlangt werden.[13] Dritte und letzte Möglichkeit ist die Datenträgerüberlassung (Z3), bei der die Finanzbehörde ferner verlangen kann, dass ihr die aufzeichnungs- und aufbewahrungspflichtigen Daten, einschließlich der jeweiligen Meta-, Stamm- und Bewegungsdaten sowie der internen und externen Verknüpfungen (z.B. zwischen den Tabellen einer relationalen Datenbank), und elektronische Dokumente und Unterlagen auf einem maschinell lesbaren und auswertbaren Datenträger zur Auswertung überlassen werden. Die Finanzbehörde ist nicht berechtigt, selbst Daten aus dem DV-System herunterzuladen oder Kopien vorhandener Datensicherungen vorzunehmen.[14]

12 Grundsätze zur ordnungsmäßigen Führung und Aufbewahrung von Büchern, Aufzeichnungen und Unterlagen in elektronischer Form sowie zum Datenzugriff (GoBD) vom 28. November 2019, TZ 165.

13 Grundsätze zur ordnungsmäßigen Führung und Aufbewahrung von Büchern, Aufzeichnungen und Unterlagen in elektronischer Form sowie zum Datenzugriff (GoBD) vom 28. November 2019, TZ 166.

14 Grundsätze zur ordnungsmäßigen Führung und Aufbewahrung von Büchern, Aufzeichnungen und Unterlagen in elektronischer Form sowie zum Datenzugriff (GoBD) vom 28. November 2019, TZ 167.

**Praxistipp:**
Die Eigenschaft des Z3, also der Datenträgerüberlassung, ist fast immer auch Prüfungsgegenstand einer Softwarebescheinigung nach IDW PS 880. Sollten Sie unsicher sein, ob die Schnittstelle für das von Ihnen zu prüfende ERP-System gegeben ist, lohnt sich auf jeden Fall ein Blick in den Prüfbericht der Softwarezertifizierung.

Die Empfehlung der in dem BMF-Schreiben beschriebenen Standards beinhaltet unter anderem eine XML-Datei, die als Beschreibungsstandard den Tabellen zugefügt wird und leicht in IDEA, das von der Finanzbehörde genutzte Softwaredatenanalysetool, überführt werden kann.

Zunächst klingt die Empfehlung einer XML-Datei sehr technisch, aber sieht man sich diese genauer an, erkennt man deren Nutzen für die Analysen:


```
  </Table>
- <Table>
    <URL>1019TXW_BSET_ES</URL>
    <Name>BSET</Name>
    <UTF8/>
    <DecimalSymbol>.</DecimalSymbol>
    <DigitGroupingSymbol>,</DigitGroupingSymbol>
  - <Range>
      <From>9</From>
    </Range>
  - <VariableLength>
      <ColumnDelimiter> </ColumnDelimiter>
      <TextEncapsulator/>
    - <VariableColumn>
        <Name>MANDT</Name>
        <Description>Mandant</Description>
        <AlphaNumeric/>
      </VariableColumn>
    - <VariableColumn>
        <Name>BUKRS</Name>
        <Description>Buchungskreis</Description>
        <AlphaNumeric/>
      </VariableColumn>
    - <VariableColumn>
        <Name>BELNR</Name>
        <Description>Belegnummer eines Buchhaltungsbeleges</Description>
        <AlphaNumeric/>
      </VariableColumn>
    - <VariableColumn>
        <Name>GJAHR</Name>
        <Description>Gesch�ftsjahr</Description>
        <AlphaNumeric/>
      </VariableColumn>
    - <VariableColumn>
        <Name>BUZEI</Name>
        <Description>Nummer der Buchungszeile innerhalb des Buchhaltungsbelegs</Description>
        <AlphaNumeric/>
      </VariableColumn>
    - <VariableColumn>
        <Name>MONAT</Name>
        <Description>Gesch�ftsmonat</Description>
        <AlphaNumeric/>
      </VariableColumn>
    - <VariableColumn>
        <Name>MWSKZ</Name>
        <Description>Umsatzsteuerkennzeichen</Description>
        <AlphaNumeric/>
      </VariableColumn>
    - <VariableColumn>
        <Name>HKONT</Name>
        <Description>Sachkonto der Hauptbuchhaltung</Description>
        <AlphaNumeric/>
      </VariableColumn>
```


**Abb. 7.1:** Abschnitt XML-Datei

Die XML-Datei lässt sich als „Übersetzungshilfe“ des gesamten Datenextraktes bezeichnen.

Dabei beginnt das oben abgebildete Beispiel mit der Tabelle, der gesonderten csv-Datei „BSET“. Es werden im Folgenden die einzelnen Spalten der in der Datei enthaltenen Datensätze beschrieben, jeweils als „Name“, so, wie sie in den Spaltenüberschriften benannt sind, und als „Description“ – und damit für den Prüfer besser deutbar als Reinschrift.

Es lohnt sich, wenn man in den technischen Abkürzungen der einzelnen Tabellen und Spalten noch nicht geübt ist, einen Blick in die XML-Datei zu werfen.

– Welcher Zeitpunkt ist Grundlage für den Abzug der Datenmenge?

Auch der Zeitpunkt des Datenabzugs sollte im Vorfeld festgelegt und protokolliert werden, um gegebenenfalls bei erneutem Abzug des gleichen Datenbestandes versionieren zu können. Der Zeitpunkt der Analyse ist abzustimmen auf die Verfügbarkeit eines beispielsweise finalen Buchungsschlusses und damit einer vor Prüfung finalen Datengrundlage.

Zudem empfiehlt es sich, gleichzeitig mit dem Datenabzug auch weitere Tabellen/Reports (beispielsweise Summen- und Saldenliste oder Anlagenspiegel), die zur Datenvalidierung dienen, abzuziehen, um auf dem gleichen Stand die Werte abgleichen zu können. Je nach Datenmenge ist auch eine Vorlaufzeit mit dem Mandanten abzustimmen, sodass bei Beginn der Datenanalyse-Prüfungstätigkeiten auch die notwendigen Unterlagen vorliegen.

– In welchem Format müssen die Daten vorliegen?

Die Datengrundlage sollte dem Prüfer so zur Verfügung stehen, dass sie weiterverwertbar ist und in die zusätzlichen Analysewerkzeuge bzw. Softwareanwendungen einfach überführt werden kann. Meist ist das in der Praxis auch kein Problem, da die Auswertungen maschinell und in den gängigen Formaten wie txt oder csv vorliegen, die leicht importierbar sind. Selbst PDF-Dokumente sind bei vielen Datenanalyseanwendungen importfähig, erschweren den Import jedoch unnötig und sind sehr zeitintensiv in der praktischen Umsetzung.

- Wie werden die Daten an den Prüfer übermittelt?

Eine Übermittlung der Daten, insbesondere auch dann, wenn sensible, beispielsweise personenbezogene Daten Grundbestandteil sind, sollte mit dem Mandanten abgesprochen und durchdacht werden. Neben den physikalischen Möglichkeiten des Austauschs in Form von USB-Stick oder CD/DVD werden vermehrt auch onlinegestützte digitale Transferierungsmöglichkeiten genutzt. Es sollte bei einer Übermittlung der Datengrundlage via Internet jedoch darauf geachtet werden, diese Daten in einem sicheren Umfeld zu transferieren bzw. mittels Möglichkeiten der Verschlüsselung auf eine sichere Übertragung hinzuwirken.

Jeder der aufgeführten Punkte kann mittels unterschiedlicher Methoden durchgeführt werden. Daher ist die eigene Präferenz und mögliche Vorgehensweise mit den zuständigen Mitarbeitern der Mandanten und mit dem Prüfungsteam abzustimmen, um einen zeitnahen, mit möglichst geringem Aufwand verbundenen und sicheren Datenabzug samt Zur-Verfügung-Stellung der Datengrundlage zu gewährleisten.

### 7.3.1 Herstellung der Kontenübersicht

Durch vermehrte Remote-Prüfungen hat es sich bewährt, auch auf Datenanalysen zurückzugreifen. Es ist noch nicht immer möglich, einen externen Zugriff vom Mandanten zu erhalten, der oft erschwert wird durch Einrichtung von sicheren VPN-Verbindungen, Vergaben von Tokens etc. Hier kann mittels Abzugs des Datenbestandes und nach Aufbereitung dieser Datensatz dazu verwendet werden, den gesamten Buchungsstoff auf Kontenbasis aufzubereiten, um einen vollständigen Überblick über die gebuchten Vorgänge pro Konto zu erlangen. Dies erleichtert die Einsicht auf Einzelbuchungsebene.

Umfasst der Datensatz weniger als etwa 200.000 Zeilen, so lassen sich die Buchungen der GoBD-Daten des Hauptbuches wie folgt dargestellt in Excel auf Kontenebene verdichten.

i

**Hinweis:**
Die gleiche Vorgehensweise ermöglichen auch viele Datenanalyseprogramme. Aufgrund der Einfachheit und Bekanntheit des Programms Excel von Microsoft jedoch möchten die Autoren das Beispiel gerne daran erläutern, um aufzuzeigen, dass Datenaly-

sen auch mit den vorhandenen Bordmitteln durchgeführt werden können.

Bei Abzug des Buchungsjournals bzw. der GoBD-Daten sind die folgenden Spalten für die Darstellung zwingend erforderlich, weitere nützliche Spalten zur Analyse sind mit Sternchen markiert und je nach Finanzbuchhaltung abhängig davon, ob die Daten im Buchungsjournal bzw. in der Schnittstelle der GoBD-Daten mit enthalten sind oder nicht:

- Kontonummer und Kontenbezeichnung
- Belegnummer (eineindeutig)
- Buchungsbetrag
- Buchungstext
- Beleg-/Buchungsdatum
- Kennzeichnung Soll-/Haben-Buchung*
- Steuerschlüssel*
- Erfasser*
- Erfassungsdatum*
- Gegenkonto und Gegenkontenbezeichnung*
- Buchungsschlüssel*
- Belegart*
- Periode*
- Buchungsjahr*
- Mandant*
- Buchungskreis*
- Kostenstellen*
- Debitoren*
- Kreditoren*

**Hinweis:**
Beim Einlesen der Daten in das Datenverarbeitungsprogramm ist zwingend auf die Formatierung der einzelnen Zeilenelemente zu achten, zudem sollte vor Beginn der Verdichtung eine Validierung der Werte auf Vollständigkeit durchgeführt werden.

| Geschäftsjahr | Belegnummer | Buchungsdatum | Kontonummer | Kontenbezeichnung | Betrag | Buchungstext |
|---|---|---|---|---|---|---|
| 2019 | 400010 | 01.01.2019 | 33000000 | Verbindl. L u. L | 2.570,40 | Musterstraße 10 01/19-12/19 |
| 2019 | 400010 | 01.01.2019 | 54700000 | Aufw. bezogene Leist | 2.160,00 | Wartungsvertrag Musterstraße |
| 2019 | 400010 | 01.01.2019 | 15110000 | Vorsteuer | 410,4 | |
| 2019 | 400011 | 01.01.2019 | 33000000 | Verbindl. L u. L | 200,81 | Küstlersozialabgabe 01/2019 |
| 2019 | 400011 | 01.01.2019 | 59900600 | Sonst. Aufwendungen | 200,81 | Küstlersozialabgabe 01/2019 |
| 2019 | 400097 | 01.02.2019 | 59700200 | and. Dienst u. Fremd | 54 | Firewall, Nutzungsentgelt |
| 2019 | 400097 | 01.02.2019 | 59700200 | and. Dienst u. Fremd | 54 | Firewall, Nutzungsentgelt |
| 2019 | 400118 | 07.01.2019 | 33000000 | Verbindl. L u. L | 1.258,90 | Bewerbermanagementsystem 01/2019 |
| 2019 | 400118 | 07.01.2019 | 59700000 | Andere Dienst u. Fre | 1.057,90 | Bewerbermanagementsystem 2019 |
| 2019 | 400138 | 09.01.2019 | 33000000 | Verbindl. L u. L | 60,33 | Beglaubigung |
| 2019 | 400138 | 09.01.2019 | 59710000 | Gerichts u. Anwaltsk | 25,35 | Beglaubigung |
| 2019 | 400138 | 09.01.2019 | 59710000 | Gerichts u. Anwaltsk | 25,35 | Beglaubigung |
| 2019 | 400138 | 09.01.2019 | 15110000 | Vorsteuer | 9,63 | |

**Abb. 7.2:** Auszug GoBD-Datensatz in Excel

Um eine Verdichtung herbeizurufen, platzieren wir den Cursor in Zelle A1 und wählen im Menü „Einfügen" die Funktion Pivottabelle aus. Bei Betätigung wird eine Vorauswahl über die gefüllten Spalten ausgewählt.

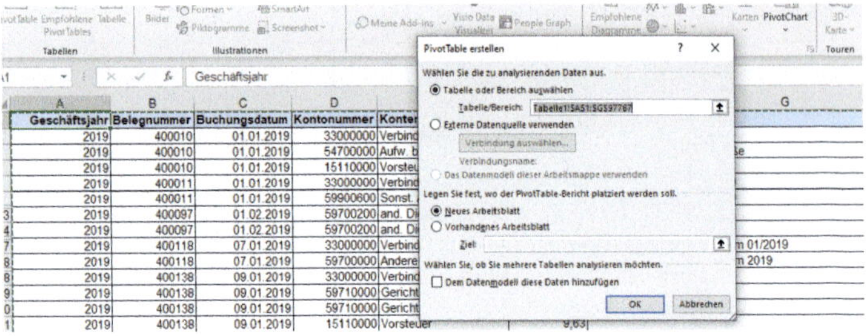

**Abb. 7.3:** Auswahl Pivottabelle

Achten Sie darauf, dass bei Erstellung einer Pivottabelle alle Spalten mit einer Überschrift beschriftet sein müssen und der Datenbereich keine Leer- oder Summenzeilen bzw. -spalten enthalten darf. In der Pivottabelle möchten wir im Zeilenbereich die Konten samt Kontenbezeichnungen und als Auswertung die Summe der gebuchten Beträge darstellen. Per Drag-and-Drop können wir die gewünschten Spalten zuordnen. Wird im Wertebereich statt der Summe die Anzahl oder eine andere statistische Größe angezeigt, kann über die Option „Wertfeldeinstellungen" die Einstellung Summe ausgewählt werden.

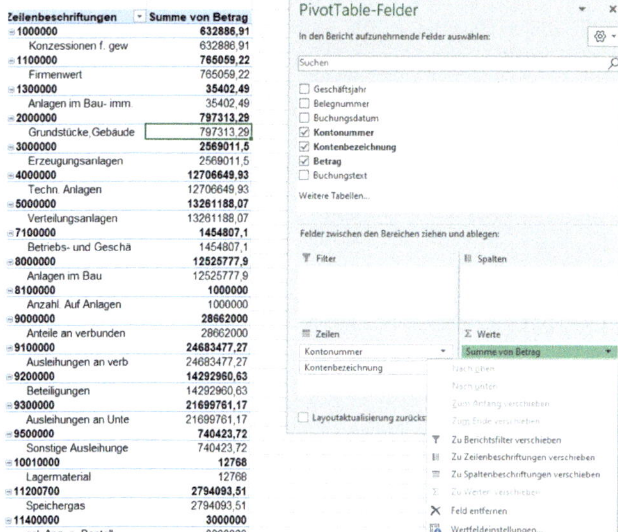

| Zeilenbeschriftungen | Summe von Betrag |
|---|---|
| **1000000** | **632886,91** |
| Konzessionen f. gew | 632886,91 |
| **1100000** | **765059,22** |
| Firmenwert | 765059,22 |
| **1300000** | **35402,49** |
| Anlagen im Bau- imm. | 35402,49 |
| **2000000** | **797313,29** |
| Grundstücke,Gebäude | 797313,29 |
| **3000000** | **2569011,5** |
| Erzeugungsanlagen | 2569011,5 |
| **4000000** | **12706649,93** |
| Techn. Anlagen | 12706649,93 |
| **5000000** | **13261188,07** |
| Verteilungsanlagen | 13261188,07 |
| **7100000** | **1454807,1** |
| Betriebs- und Geschä | 1454807,1 |
| **8000000** | **12525777,9** |
| Anlagen im Bau | 12525777,9 |
| **8100000** | **1000000** |
| Anzahl. Auf Anlagen | 1000000 |
| **9000000** | **28662000** |
| Anteile an verbunden | 28662000 |
| **9100000** | **24683477,27** |
| Ausleihungen an verb | 24683477,27 |
| **9200000** | **14292960,63** |
| Beteiligungen | 14292960,63 |
| **9300000** | **21699761,17** |
| Ausleihungen an Unte | 21699761,17 |
| **9500000** | **740423,72** |
| Sonstige Ausleihunge | 740423,72 |
| **10010000** | **12768** |
| Lagermaterial | 12768 |
| **11200700** | **2794093,51** |
| Speichergas | 2794093,51 |
| **11400000** | **3000000** |
| gel. Anz. a. Bestell | 3000000 |



**Abb. 7.4:** Zuordnung der Spalten und Zeilen der Pivotfelder

Um die Auswertung anschaulicher zu machen, können noch die Betragssummen markiert und mittels „Strg+Umschalt+1“ in das gewöhnliche Zahlenformat verwandelt werden.

Weiterhin findet sich im Menüpunkt „Entwurf“ im Berichtslayout noch die Möglichkeit, die Kontonummer sowie Kontenbezeichnung nebeneinander ausgeben zu lassen, indem man die Funktion „Im Tabellenformat anzeigen“ auswählt.

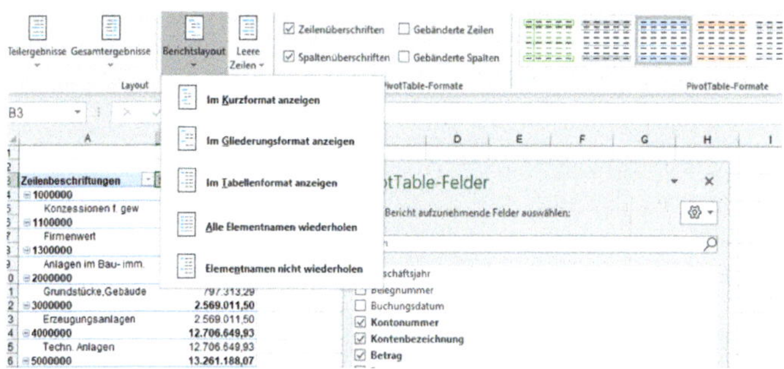



**Abb. 7.5:** Pivot-Menü Entwurf – Im Tabellenformat anzeigen

Zuletzt kann man mittels „Rechts-Klicks“ in einer Ergebnisspalte und Deaktivierung von „Teilergebnis Kontonummer“ die redundanten Zeilen löschen, was dann zu folgender Darstellung führt:

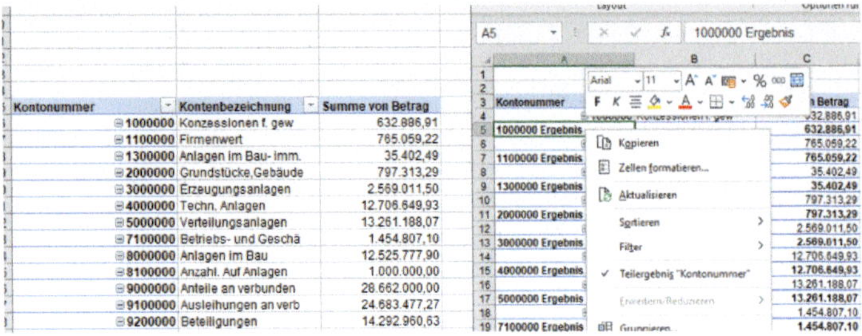

| Kontonummer | Kontenbezeichnung | Summe von Betrag |
|---|---|---|
| 1000000 | Konzessionen f. gew | 632.886,91 |
| 1100000 | Firmenwert | 765.059,22 |
| 1300000 | Anlagen im Bau- imm. | 35.402,49 |
| 2000000 | Grundstücke,Gebäude | 797.313,29 |
| 3000000 | Erzeugungsanlagen | 2.569.011,50 |
| 4000000 | Techn. Anlagen | 12.706.649,93 |
| 5000000 | Verteilungsanlagen | 13.261.188,07 |
| 7100000 | Betriebs- und Geschä | 1.454.807,10 |
| 8000000 | Anlagen im Bau | 12.525.777,90 |
| 8100000 | Anzahl. Auf Anlagen | 1.000.000,00 |
| 9000000 | Anteile an verbunden | 28.662.000,00 |
| 9100000 | Ausleihungen an verb | 24.683.477,27 |
| 9200000 | Beteiligungen | 14.292.960,63 |

Abb. 7.6: Teilergebnis löschen, Verdichtung des Buchungsjournals auf Kontenebene

Wir haben folglich nun eine Tabelle erzeugt, in der alle Buchungen auf einem Hauptbuchkonto verdichtet worden sind. Mittels Doppelklicks auf den Buchungsbetrag öffnet sich ein neues Tabellenblatt, in dem alle zugehörigen Buchungen des Kontos samt Belegnummer angezeigt werden. Dies ersetzt die Einsichtnahme ins Finanzbuchhaltungssystem und ermöglicht es, auch ohne einen Zugang die einzelnen Kontenaufrisse in einer aufbereiteten Datei zu verifizieren.

| Geschäftsjahr | Belegnummer | Buchungsdatum | Kontonummer | Kontenbezeichnung | Betrag | Buchungstext |
|---|---|---|---|---|---|---|
| 2019 | 80001788 | 31.12.2019 | 1300000 | Anlagen im Bau- imm. | 1.430,00 | AUF 54048572 |
| 2019 | 80001224 | 30.11.2019 | 1300000 | Anlagen im Bau- imm. | 5.350,00 | AUF 54045226 |
| 2019 | 80001038 | 30.11.2019 | 1300000 | Anlagen im Bau- imm. | 985,85 | AUF 54044765 |
| 2019 | 80000996 | 30.11.2019 | 1300000 | Anlagen im Bau- imm. | 8.050,88 | AUF 54044765 |
| 2019 | 80000678 | 30.09.2019 | 1300000 | Anlagen im Bau- imm. | 60,50 | AUF 54045333 |
| 2019 | 80000677 | 30.09.2019 | 1300000 | Anlagen im Bau- imm. | 60,50 | AUF 54045333 |
| 2019 | 80000545 | 31.08.2019 | 1300000 | Anlagen im Bau- imm. | 665,50 | AUF 54045333 |
| 2019 | 80000545 | 31.08.2019 | 1300000 | Anlagen im Bau- imm. | 9.399,63 | AUF 54045333 |
| 2019 | 80000544 | 31.08.2019 | 1300000 | Anlagen im Bau- imm. | 9.399,63 | AUF 54045333 |

**Abb. 7.7:** Remote-Kontenaufriss

## 7.4 Datenvalidierung

Die Datenvalidierung ist einer der wichtigsten Schritte im Rahmen der Datenanalysen. Stimmen die Ausgangswerte nicht, können die weiteren Schritte ins Leere laufen bzw. falsch sein, sodass im Worst Case falsche Ergebnisse und Interpretationen aus den Datenanalysen resultieren.

Eine Differenz in der Datenvalidierung bedeutet nicht zwangsläufig, dass der Datensatz falsch aus dem System extrahiert worden ist, sondern könnte auch Hinweise darauf geben, dass es ein prozessuales Problem in der Verarbeitung der Daten im ERP-System gibt bzw. auf dem Weg der Extraktion der Grundsatz der Unveränderbarkeit nicht gewahrt worden ist. Dies ist im Einzelfall zu eruieren.

Zu Beginn der Prüfung ist sicherzustellen, dass der Datensatz aus dem ERP-System vollständig und richtig zur Verfügung steht und ggf. auch richtig in das Datenverarbeitungsprogramm importiert worden ist. Auch beim Datenimport kann es zu Fehlern kommen, die nicht automatisch auf einen falschen oder unvollständigen Datenabzug zurückzuführen sind. Dazu ist jeder Teilschritt vom Datenexport bis zum Import zu untersuchen und sicherzustellen, dass es in diesem Prozess zu keinen Veränderungen am Datensatz kommt bzw. gekommen ist.

Es stehen je nach Datensatz verschiedene Möglichkeiten zur Verfügung, um die Validität sicherzustellen, einige Methoden sollen dazu kurz erläutert werden:

- Handelt es sich um Buchhaltungsdaten des Hauptbuches, sind eine Validierung in der Verdichtung der Datensätze auf die einzelnen Hauptbuchkonten und ein Vergleich mit der Auswertung einer Summen- und Saldenliste aus der Buchführung möglich. Es sollte in aggregierter Form zu keinen Differenzen kommen.
- Weiterhin sind Auswertungen aus den Nebenbüchern zu aggregieren und mit den korrespondierenden Werten des Hauptbuches abzustimmen, um mögliche Differenzen auszuschließen.
- Eine einfache Auswertung der „Feldstatistik" sollte ausgeglichene Buchungen zwischen Soll- und Habenbuchungen aufweisen, weiterhin sollte jeder gebuchte Beleg auch die Soll- und Habengleichheit aufweisen, daher ist eine Aggregierung auf Einzelbelegnummer möglich und ein Abgleich auf einen Nullsaldo, um sicherzustellen, dass keine einseitigen Buchungen getätigt wurden bzw. keine Datensätze unvollständig exportiert worden sind.
- Eine weitere Möglichkeit, insbesondere im Hinblick auf die Validität des Zeitraums, bietet auch die „Feldstatistik", die insbesondere die erste und die letzte Buchungsperiode bzw. das Datum eruiert. Hier ist ein Abgleich mit dem geforderten Zeitraum durchzuführen, und sicherzustellen, dass auch nur Daten im angeforderten Zeitraum für die Auswertung extrahiert worden sind.

- Wenn der Datenabzug über den Prüfer durchgeführt wird, kann darüber hinaus die Anzahl der Datensätze validiert werden. Dazu kann in vielen ERP-Systemen vor Extraktion die Anzahl der Datensätze angezeigt werden, die dann nach Import abgeglichen werden können, um sicherzustellen, dass kein Datensatz fehlt.
- Wenn man technisch etwas versierter ist, besteht die Möglichkeit, den Datenexport mit Hashwerten bzw. zyklischen Redundanzprüfungen auf ihre Güte hin zu untersuchen.
- Die Durchsicht der einzelnen Felder, beispielsweise der Belegnummern, auf Vollständigkeit bzw. die Untersuchung auf vorhandene Lücken können Indizien liefern, dass der Datensatz nicht vollständig importiert wurde.
- Die Durchsicht des Datenimports, insbesondere im Hinblick auf das Korrespondieren von Spaltenbezeichnung und enthaltenen Werten auf Plausibilität (beispielsweise sollten in Datumsfeldern keine Steuerschlüssel oder Buchungstexte stehen), kann Anzeichen dafür liefern, dass es entweder beim Datenexport oder aber insbesondere beim Datenimport zu ungewollten Verschiebungen gekommen ist.
- Fehlerprotokolle, die im Datenimport ausgewiesen werden, können Hinweise auf falsche/fehlende Daten geben, denen grundsätzlich nachzugehen ist. Die Hinweise sind zu beachten und nach Möglichkeit zu beheben, ggf. ist der Datensatz neu einzulesen bzw. eine Stufe vorher neu zu extrahieren.
- Nicht zuletzt kann man einzelne Zeilen als Stichproben verwerten und mit den Daten im System abgleichen, um zu einer Grundaussage zu kommen.

**Praxistipp:**
Je nach Datengrundlage ist die Validierung und Konsistenzprüfung nicht immer einfach, daher empfiehlt es sich, mehrere der oben genannten Möglichkeiten in Kombination durchzuführen. Datenqualitätsprobleme führen wie angedeutet im weiteren Verlauf der Datenanalyse zu Unsicherheiten in der Aussagefähigkeit der Analyseergebnisse. Neben der Prüfung der Vollständigkeit, Richtigkeit und Unveränderbarkeit des Datenimports können in dieser Phase auch erste Bereinigungsprozesse im Datensatz vorgenommen werden.

# 8 Bearbeitung, Interpretation und Dokumentation der Daten

## 8.1 Aufbereitung der Daten für die Datenanalyse

Bei der Datenaufbereitung geht es insbesondere darum, die Daten in die gewünschte Form zu bringen, mit der man die Datenauswertung, die man benötigt, auch durchführen kann.

**Praxistipp:**
Vor Bearbeitung und Transformation der Daten sollte der Prüfer die Rohdaten zunächst abspeichern und mit einer kopierten zweiten Version die Datenaufbereitung durchführen. So besteht immer die Möglichkeit der Nachvollziehbarkeit und die Möglichkeit, erneut bei fehlerhafter Durchführung auf die Rohdaten im zweiten Versuch zurückzugreifen.

Ein Aspekt im Rahmen der Datenaufbereitung ist, zu Beginn das gewünschte Format der Datengrundlage zu definieren und ggf. passend zu machen. Ein Datenformat beschreibt, wie die Datenmenge strukturiert und dargestellt wird. Diese Definition ist notwendig, damit in der Weiterverarbeitung der Daten die Software die Daten richtig interpretiert, verknüpft, berechnet und aggregiert bzw. das Ergebnis korrekt darstellt.

Die gängigsten in der Prüfung benötigten Datentypen sind insbesondere:

- Zahlenformate (ganze Zahl, Dezimalzahl mit Vorgabe, bis zu welcher Nachkommastelle gerechnet werden soll),
- Datumsformat (hier kann insbesondere differenziert werden, ob lediglich das Jahr bzw. tagesscharf das Datum dargestellt oder ggf. der Wochentag ergänzt werden soll),
- Text (Ausgabe der Zeichenreihenfolge).

Oftmals werden Datenformate bei Import der Datengrundlage verändert. So kann ein Datum beispielsweise nach dem Import als *02062021* dargestellt werden; hier bieten aber die meisten Datenverarbeitungsprogramme entweder eine Möglichkeit an, den Datentyp von sich aus zu erkennen und den „richtigen“ Datentyp vorzuschlagen, oder die Werte in das gewünschte Datenformat zu konvertieren.

Weiter bedarf es bei der Datenaufbereitung häufig eines Datenbereinigungsprozesses. Wie bereits in der Praxishilfe erwähnt und insbesondere um eine Nachvollziehbarkeit der Prüfschritte zu gewährleisten, sollte die originäre Datei aufbewahrt werden. Es hilft insbesondere auch bei Ungereimtheiten, zu verifizieren, ob der Datensatz beispielsweise nicht vollständig war, weil die Datengrundlage an sich dies schon nicht gewährleistet, oder ob beim Transformations- bzw. Aufbereitungsprozess wesentlich zu viel gelöscht oder ungewollt verändert wurde.

Ist das Prüfziel, das der Datenanalyse zugrunde liegt, klar definiert und ebenso die Spalten, die dafür benötigt werden, empfiehlt es sich, um keinen zusätzlichen Speicherplatz unnötig auszulasten und die Performance der Datenanalyse zu heben, die Datenspalten bzw. -zeilen, die für die Analyse nicht benötigt werden, zu löschen. Je mehr man die Datengrundlage einschränkt, desto übersichtlicher wird es auch für den Analysten, mit den Daten bzw. nachgelagert mit den Auswertungen zu hantieren.

Ein weiterer wichtiger Aspekt ist es, zu prüfen, ob die Datenqualität gewährleistet ist, also beispielsweise zu prüfen, ob das Datenformat pro Spalte auch für alle Datensätze gegriffen hat, ob es ggf. Datenlücken bzw. fehlerhafte Datensätze gibt – hier behilft man sich, indem man beispielsweise über die Filterfunktion Datenlücken erkennt.

Basierend auf den in das richtige Format gebrachten Daten und nach der Vollständigkeitsprüfung der Daten beginnt der eigentliche Aufbereitungsprozess bzw. Transformationsprozess. Hierbei können Datensätze, meist einzelne Datenspalten, verändert, erweitert, verknüpft oder verdichtet werden.

Erweiterung

Unveränderte Datenspalten stellen die Datengrundmenge in ihrem originären Zustand dar. Oftmals wird aber für die Analyse die Verknüpfung von mehreren Datenspalten benötigt.

Will man beispielsweise den Zeitraum zwischen dem Beleg- und dem Erfassungsdatum eruieren, kann man entweder die beiden Spalten, in denen die Daten enthalten sind, gegenüberstellen und vergleichen oder, um die Interpretation zu vereinfachen, eine Spalte ergänzen, in der die Differenztage der beiden Daten dargestellt sind. Durch die Ergänzung der Spalte lässt sich das Ergebnis – beispielsweise, welche maximale Zeitspanne zwischen dem Beleg- oder Erfassungsdatum liegt – sehr einfach ablesen.

Verknüpfung

Die Datengrundgesamtheit ist selten in einer einzelnen Tabelle dargestellt. Hier kann es beispielsweise sein, dass die Datengrundlage der Hauptbuchhaltung und der Nebenbuchhaltung wie das Anlagevermögen in unterschiedlichen Tabellen ausgewiesen werden. Oder dass – wie es im Rahmen von relationalen Datenbanken üblich ist, um Redundanzen zu vermeiden – einzelne Spalten in unterschiedlichen Tabellen abgespeichert und damit auch extrahiert werden.

Um eine Interpretation von diesen beiden Mengen herzustellen, ist deren Verknüpfung unabdingbar. Dabei ist zwingende Voraussetzung, dass es einen Primärschlüssel bzw. ein Verbindungsglied gibt, der bzw. das in beiden Tabellen vorhanden ist.

Nehmen wir als Beispiel, dass wir ein Journal haben, in dem die Steuerkürzel mit enthalten sind, und wir haben eine Tabelle, in der die Zuordnung der Steuerkürzel definiert wird. Jetzt wird es dem Prüfer schwerfallen, die Steuerkürzel in der Tabelle auswendig zu lernen bzw. mühsam von der Hand gehen, zwischen den beiden Tabellen hin und her switchen zu müssen, um im Journal die einzelnen Kürzel zu verifizieren. Es bietet sich an, eine Verknüpfung dieser beiden Tabellen herzustellen, indem über den Primärschlüssel, in unserem Fall das Steuerkürzel, die Bezeichnung für das Steuerkürzel in einer gesonderten Spalte im Journal ergänzt wird.

Verdichtung

Oftmals ist das Datengrundgesamt in den Rohdaten so groß, dass es keine Möglichkeit bietet, auf den ersten Blick einzelne Strukturen zu erkennen. Wenn beispielsweise eine Einzelpostenliste von Debitoren über mehrere Tausend Zeilen in der Rohversion vorliegt, dann ist es auf den ersten Blick nicht ersichtlich, durch welchen Debitor in Summe über das Geschäftsjahr welche Umsätze generiert wurden.

Hier hilft es, die Datengrundlage zu verdichten, indem man beispielsweise die einzelnen Debitorenposten pro Debitor aufsummiert. Durch die Datenverdichtung steigt nicht nur der Informationsgehalt, sondern ergibt sich auch die Möglichkeit, binnen eines Blickes den Datensatz interpretieren zu können und ggf. weiterzuverarbeiten, indem zusätzlich, um in unserem Beispiel zu bleiben, zu den einzelnen Debitoren noch eine Aufschlüsselung zu den offenen Debitorenbeständen und evtl. eine Altersstruktur zugeschlüsselt wird. Auch hier wäre das Bild auf Einzelpostenbasis schwer zu durchblicken und interpretierbar.

## 8.2 Dokumentation der Datenanalyse

Bei der durchgeführten Datenanalyse sollte insbesondere darauf geachtet werden, dass jeder Analyseschritt nachvollziehbar dokumentiert wird, sodass man die Evidenz der Ergebnisse überleiten kann. Viele Datenanalysetools wie beispielsweise IDEA oder PowerQuery gewähren eine Rückverfolgbarkeit jedes einzelnen ausgeführten Schrittes im Analyseverfahren.

Im IDW PH 9.330.3 wird in Rz. 78 über die Dokumentation der Analyseergebnisse Folgendes geschrieben:

„Die Dokumentation der Datenanalyse in den Arbeitspapieren hat in einer Art und Weise zu erfolgen, dass die Nachvollziehbarkeit der Prüfungsergebnisse unabhängig von dem eingesetzten Analysetool und dem zugrunde liegenden Datenbestand möglich ist. Es ist daher nicht notwendig, dass der Prüfer die Originaldaten aufbewahrt, die ihm zu Analysezwecken zur Verfügung gestellt wurden."

**Hinweis:**
Es ist in der Praxis auch nicht ratsam, die gesamten Rohdaten abzuspeichern, da diese meist einen sehr voluminösen Umfang haben und viel Speicherplatz benötigen.

Weiterhin werden im Prüfungshinweis Empfehlungen zur Nachvollziehbarkeit der Prüfungsergebnisse gegeben, die folgende Dokumentation beinhalten:

- Die Durchführung des Datenexports einschließlich der damit im Zusammenhang stehenden Vorgaben und durchgeführten Abstimmungen
- die erfolgten Anpassungen des Datenexports nebst durchgeführten Konvertierungen
- die durchgeführten Auswertungen und Analysen
- die Analyseergebnisse einschließlich der durchgeführten Auswertungen und Berechnungen.

Im Rahmen der Dokumentation der Analyseergebnisse sind dem Prüfungshinweis gemäß neben den Analyseergebnissen und der Festlegung der Annahmen und Prämissen auch die Schlussfolgerungen aufgrund der Ergebnisse der Datenanalyse zu dokumentieren.

**Praxistipp:**
Führt man Datenanalysen im ERP-System direkt aus, empfiehlt es sich beispielsweise über Screenshots die Parametrisierungen bzw. Einstellungen, die zur Analyse geführt haben, in den Arbeitspapieren zum Nachvollzug zu dokumentieren.

## 8.3 Interpretation der Ergebnisse

Die Interpretation der Ergebnisse kann auf unterschiedliche Art und Weise geschehen. Es kommt dabei auch darauf an, wer Adressat ist und die Ergebnisse nachvollziehen soll.

Ist der Prüfer, der die Datenanalysen durchführt, selbst auch deren Interpret, wird es ihm leichter fallen, aus der Tabellenform bzw. durch den Blick auf die aufbereiteten Daten seine Rückschlüsse und Ergebnisse in Bezug auf die im Vorfeld definierte Fragestellung herzuleiten, da er bereits jeden Analyseschritt im Datenanalyseprozess geplant und selbstständig ausgeführt hat. Ist der Adressat der Ergebnisse ein Dritter, beispielsweise ein weiteres Prüfungsmitglied, der Prüfungsleiter oder der Mandant, so ist zu empfehlen, die Ergebnisse in einer Art aufzubereiten, die in einfacher (meist visueller) Form die Möglichkeit zulässt, Rückschluss auf die Daten und die Ergebnisse zu ziehen.

Häufig findet man entweder statische Formen wie den Bericht, eine Präsentation oder die Mitteilung über E-Mail wieder, immer mehr finden aber auch interaktive Dashboards Eingang in die Abschlussprüfung.

Bei der Interpretation der Ergebnisse ist es insbesondere mit Blick auf den Adressaten wichtig, einen Bezug zur Ausgangsfragestellung festzulegen und zunächst einen Überblick über den gesamten Datenbestand zu gewähren.

Optional können die Auswertungstools, die Analysemethoden sowie die Datengrundlage und der zeitliche Bezug der Analyse benannt und kurz erläutert werden.

Es bietet sich auf jeden Fall an, die Prüfungsergebnisse, beispielsweise die Anomalien, die man gefunden hat, mittels visueller Darstellungen zu verdeutlichen.

Interaktive Dashboards bergen den Vorteil, direkt die Brücke zwischen Datensatz und Ergebnis aufzeigen zu können. Beispielsweise können über eine Filterung oder ein sogenanntes „drill-down" direkt die Datensätze mit Merkmalen angezeigt werden, die bei der Analyse auffällig waren, zudem bietet das Dashboard dem Anwender selbst die Möglichkeit, den Datensatz nach unterschiedlichen Merkmalen interaktiv zu durchforsten und im Anschluss passgenau zu extrahieren.

# 9 Datenanalyse am praktischen Beispiel

## 9.1 Anlagevermögen am Beispiel SAP

Das Anlagevermögen stellt einen Posten in der Prüfung dar, der gut mittels einer Prozessaufnahme und Aufnahme der implementierten Kontrollen, der Beurteilung der Angemessenheit sowie der Beurteilung der unterjährigen Wirksamkeit der durchgeführten Kontrollen im Rahmen der Vorprüfung durch eine IKS-Aufnahme geprüft werden kann. Häufig schließen sich daran in der Praxis noch weitere Prüfschritte wie die Überprüfung einer Stichprobe von Anlagenzu- und -abgängen sowie die Prüfung der Abschreibungsmethoden an.

Die Datenanalyse kann hier mittels einfacher Bordmittel unterstützend wirken, um eine gezieltere Stichprobenauswahl zu definieren, Fehlstellungen im Datensatz zu identifizieren, die Prüfungsergebnisse zu visualisieren und es dem Prüfer bzw. dem verantwortlichen Wirtschaftsprüfer beim Review einfacher zu machen, das Prüffeld Anlagevermögen zu beurteilen.

Um einen ersten Eindruck vom Prüffeld zu erlangen, ermöglicht eine Kennzahlenanalyse eine Übersicht über die wichtigsten Kennzahlen. Die Kennzahlenanalyse ist unabhängig vom ERP-System und lässt sich einfach aus den entsprechenden Bilanz- bzw. GuV-Posten herleiten. Hier hilft es bei der Ersteinschätzung, die Kennzahlenanalyse im Zeitverlauf zu betrachten, um mögliche Ausreißer oder Brüche zu erkennen.

Ein Beispiel für eine mögliche Darstellung geben folgende Kennziffern:

**Abb. 9.1:** Kennzahlenanalyse Anlagevermögen

Kennzahlendefinitionen

**Anlagenintensität**

Verhältnis des Anlagenvermögens zum Gesamtvermögen

**Abschreibungsintensität**

Abschreibungen im Verhältnis zur Gesamtleistung

**Anlagendeckungsgrad I**

Gibt Auskunft darüber, inwieweit das Anlagevermögen durch das Eigenkapital abgedeckt wird

**Goldene Finanzierungsregel**

Gibt Auskunft darüber, ob die Fristenkongruenz zwischen der Kapitalaufbringung und der anschließenden Kapitalrückzahlung und der Mittelverwendung erfüllt wird. Das langfristige Vermögen sollte durch langfristiges Kapital finanziert werden

Überblick Anlagenzugänge

Als nächsten Schritt kann man unter anderem die Anlagenzugänge würdigen, um eine Einschätzung zu gewinnen, wie sich die Anlagenzugänge zusammensetzen. Es kann sinnvoll sein, nach folgenden Merkmalen die Daten zu strukturieren und auszuwerten:

**Anlagenzugänge**

| | |
|---|---|
| 29.533.051,28 €<br>Anlagenzugänge in Summe | 3544<br>Anzahl von Anlagenzugängen |
| 5.994.811,17 €<br>Summe Top 10 | 2<br>Zugänge > Toleranzwesentlichkeit |
| 1.302.300,76 €<br>höchster Anlagenzugang | 8<br>Zugänge kleiner gleich Null |

**Abb. 9.2:** Merkmale Anlagenzugänge

- Überblick über die Summe der Anlagenzugänge, um ein Gefühl für die Höhe und Wesentlichkeit des Prüfpostens zu erlangen.
- Die Anzahl der Anlagenzugänge gibt an, in wie viele unterschiedliche Anlagengüter Investitionen getätigt worden sind – wer mag, kann hier natürlich auch die durchschnittliche Höhe des Anlagenzugangs ermitteln.
- Eine Filterung auf den Betrag der Top-10-Werte der Anlagenzugänge kann Auskunft darüber geben, wie hoch der Abdeckungsgrad wäre, wenn eine bewusste Stichprobe der zehn höchsten Anlagenzugänge gezogen und geprüft werden würde.
- Die Anlagenzugänge über der Toleranzwesentlichkeit spiegeln die Anlagenzugänge wider, die per se wesentlich und damit einzelfallprüfungspflichtig sind.
- Der höchste (optional der niedrigste) Anlagenzugang gibt insbesondere ein Bild der Spreizung und Verteilung der Höhe des Anlagenzugänge.
- Die Filterung auf die Anlagenzugänge mit einem negativen Betrag ist zunächst auffällig und es muss in einem nächsten Schritt verifiziert werden, ob es sich um einen abgesetzten Zuschuss oder Ähnliches handelt.

### 9.1.1 Überblick Anlagenabgänge

Wie bei den Anlagenzugängen bereits verdeutlicht, bietet eine schnelle Auswertung der Anlagenabgangsliste einen differenzierteren Blick über den Bestand der Abgänge im Berichtsjahr. Neben den bereits in den Anlagenzugängen dargestellten Möglichkeiten wären bei den Anlagenabgängen insbesondere auch die Höhe der Mehr- bzw. der Mindererlöse relevant.

### 9.1.2 Investitionsvolumen

In vielen Gesellschaften ist in der Satzung oder Gesellschaftsverträgen die Aufstellung sowie Genehmigung eines Wirtschaftsplans geregelt. Unter anderem umfasst ein Wirtschaftsplan einen Investitionsplan, demgemäß die künftigen Investitionen budgetiert und zur Genehmigung dem Aufsichtsgremium vorgelegt werden. Eine Prüfung im Rahmen der Jahresabschlussprüfung könnte darin bestehen, zu prüfen, ob die kumulierten Investitionen des Geschäftsjahres innerhalb der im Wirtschaftsplan genehmigten Grenzen gelegen haben. Insbesondere sprechen Überschreitungen, die im laufenden Geschäftsjahr nicht identifiziert und beachtet worden sind, dafür, dass unterjährige Kontrollen diesbezüglich möglicherweise nicht ausreichend installiert sind.

Aus der Anlagenzugangsliste wurden aus dem Anschaffungsdatum die Monate extrahiert.

**Hinweis:**
Bei einer Datumsanzeige in Excel geht das über folgende Formel:

Annahme, in Zelle A1 würde das Datumsformat: 31.05.2021 stehen

=MONAT(A1), als Rückgabewert würde man die Zahl „5" für den Monat „Mai" erhalten

Möchte man jedoch den Monatsnamen ausgegeben haben, stellt sich die Formel wie folgt dar:

=MONAT(A1;„MMMM"), der Rückgabewert bei der Formel wäre der Monatsname „Mai"

Nach Extraktion der Monate aus den einzelnen Anschaffungsdaten erhält man durch Aufsummierung der Werte der Anlagenzugänge pro Monat eine Tabelle, in der die Höhe der Anlagenzugänge auf Monatsbasis dargestellt wird.

Über eine grafische Auswertung, beispielsweise als Wasserfalldiagramm (unter anderem in Excel verfügbar), integriert mit der Einzeichnung der genehmigten Investitionshöhe (gestrichelte Linie), lässt sich sehr gut ein Prüfprogramm entwickeln. Weiterhin erkennt man aus der Abbildung auch, in welchen Monaten wie viel investiert wurde und ob es Monate gab, in denen es besondere Sprünge gab.

**Abb. 9.3:** Investitionsvolumen im Berichtsjahr

### 9.1.3 Anlagen mit negativen Buchwerten

Eine schnelle und effektive Prüfung ergibt sich durch die Durchsicht und Filterung der Anlagenbestandsliste, die sich aus SAP mit folgendem Report „RABEST01“ extrahieren lässt. Der Report stellt den in SAP gepflegten Anlagenbestand auf Einzelpostenbasis dar, der unter anderem die kumulierten Anschaffungswerte zum Geschäftsjahresanfang, die kumulierten Abschreibungen sowie den Buchwert zum Ende des Berichtsjahres wiedergibt.

Setzt man einen Filter auf den Buchwert zum Ende des Berichtsjahres mit der Einschränkung, dass negative Werte angezeigt werden sollen, ergibt sich eine Liste von Auffälligkeiten, die es weiter zu eruieren gilt. Es könnte hier beispielsweise ein Indiz dafür zu finden sein, dass die Abschreibungen nicht richtig in SAP gepflegt wurden.

### 9.1.4 Berechtigungen

Möchte man in SAP für den Anlagenbestand nachvollziehen, wer die Anlage angelegt und ggf. in dem Stammdatenanlagesatz Daten geändert hat, behilft man sich mittels Anlagenstammsatz Tabelle „ANLA“, die über den Transaktionscode „SE16“ aufgerufen werden kann.

Hier kann man durch einfache Filterung auf das Zugangsjahr in dem Feld ERNAM den Namen des Sachbearbeiters, der das Objekt hinzugefügt hat, sowie unter dem Feld „AENAM“ den Namen jenes Sachbearbeiters einsehen, der das Objekt geändert hat, das Änderungsdatum findet sich in der Spalte mit dem Feldnamen AEDAT. Hier kann leicht nachvollzogen werden, ob die Benutzer, die im Sachanlagevermögen Stammdatensätze anlegen und bearbeiten, auch mit den vergebenen Berechtigungen im Einklang stehen bzw. ob Personen so in SAP eingegriffen haben, dass ein Konflikt in der Berechtigungsvergabe entstehen könnte. Nähere Informationen über die Änderung als solche finden sich in den Stammdatenänderungsprotokolldateien des Sachanalagevermögens wieder, falls es hier einer eingehenderen Prüfung bedarf und der Frage nachgegangen werden soll, was konkret geändert wurde.

### 9.1.5 Ungebuchte Anlagen

Der Report RAANLA01 in SAP gibt eine Liste von noch nicht aktivierten und eröffneten Anlagen wieder, die noch nicht gebucht wurden. Insbesondere kann man aus der Liste das Eröffnungsdatum der Anlage einsehen sowie den Benutzer, der die Anlage eröffnet hat. Dies birgt das Risiko, dass eine Anlage angelegt worden ist, jedoch vergessen wurde, den Anlagengegenstand darauf zu buchen, sodass der Anlagengegenstand noch nicht im Verzeichnis gelistet ist.

Hier empfiehlt es sich, nach einzelnen Jahren die Liste durchzusehen, manchmal schlummern noch alte Schätze in den Datensätzen, die schon längst obsolet sind. Im Sinne der Einhaltung einer guten Datenhygiene und der Beseitigung von überschüssigen, nicht genutzten Datensätzen ist eine Bereinigung der Liste zu empfehlen.

### 9.1.6 Anlagenklassen mit unterschiedlicher Nutzungsdauer

In SAP wird jeder Anlage eine Anlagenklasse zugeordnet, die wiederum mit einer vorgegeben und in SAP hinterlegten Nutzungsdauer versehen ist. Relevante SAP-Tabellen zu Anlagenklassen, die beispielsweise über die Transaktion „SE16“ aufgerufen werden können, sind:

- ANKA (Allgemeine Daten Anlagenklasse),
- ANKB (Bewertungsbereich Anlagenklasse) und
- ANKT (Beschreibung Anlagenklasse).

Aus diesen Tabellen, verknüpft mit der Tabelle ANLA, in der zu jeder Anlagennummer eine Anlagenklasse hinterlegt ist, sowie der Tabelle ANLB, in der die Nutzungsdauern hinterlegt sind, lässt sich eine Plausibilitätsprüfung bezüglich der Frage durchführen, ob Nutzungsdauern manuell angepasst worden sind.

Die Prüfung erfolgt durch Ausführung der folgenden Schritte:

- Verknüpfung der Tabellen ANLB und ANLA über den eindeutigen Primärschlüssel „Anlagennummer“
- Auswahl der folgenden Parameter: ANLB: Nutzungsdauerparameter
  - NDJAR (Geplante Nutzungsdauer in Jahren)
  - NDPER (Geplante Nutzungsdauer in Perioden)
  - NDURJ (Ursprüngliche Nutzungsdauer in Jahren)
  - NDURP (Ursprüngliche Nutzungsdauer in Perioden)
- Verknüpfung der Tabelle ANLA über den Primärschlüssel Anlagenklasse mit der Tabelle ANKA, in der die Bezeichnung der Anlagenklasse gelistet wird

- Nach erfolgter Verknüpfung sollte man eine Tabelle vorliegen haben, die folgende Spalten enthält:

| Anlagennummer | Anlagenklasse | Anlagenklassenbezeichnung | Nutzungsdauer in Jahren | Nutzungsdauer in Perioden | Ursprüngliche Nutzungsdauer in Jahren | Ursprüngliche Nutzungsdauer in Perioden |
|---|---|---|---|---|---|---|

Liegt die Tabelle vor, reicht eine einfache Pivottabelle aus, in welcher in den Zeileneinträgen die Nutzungsdauer in Jahren und in den Spalteneinträgen die Anlagenklassen oder nach Gusto die Anlagenklassenbezeichnungen abgelegt werden.

Es reicht aus, als jeweilige Werte die Anlagennummern als Anzahl abzulegen. Folgende Abbildung zeigt einen Abschnitt aus der Praxis:

| **Anlagenklasse**<br>**Nutzungsdauer** | **1000000** | **2000200** | **6100000** | **7100100** | **8100000** | **Gesamtergebnis** |
|---|---|---|---|---|---|---|
| 0 | | | | 1 | | 1 |
| 3 | 2 | | | 3 | | 5 |
| 5 | | | | 15 | | 15 |
| 8 | | | | 3 | | 3 |
| 10 | | 1 | 1 | | | 2 |
| 11 | | | | 2 | | 2 |
| 13 | | | 1 | 2 | | 3 |
| 14 | | | | 2 | | 2 |
| 20 | | | 2 | | | 2 |
| 25 | | | 1 | | | 1 |
| 999 | | | | | 1 | 1 |
| **Gesamtergebnis** | **2** | **1** | **5** | **28** | **1** | **37** |

**Abb. 9.4:** Analyse Nutzungsdauer SAP

Im Beispiel sind insgesamt Auffälligkeiten in den Anlagenklassen 6100000 und 7100100 erkennbar, bei denen unterschiedliche Anlagen der gleichen Anlagenklasse zugeordnet werden, jedoch über manuelle Eingriffe unterschiedliche Nutzungsdauern vergeben sind.

Eine zweite Auffälligkeit ist die Anlagenklasse 8100000, in der eine ungewöhnliche Nutzungsdauer in Höhe von 999 Jahren hinterlegt ist, die es über weitere Befragungen zu verifizieren gilt.

Neben der Erkenntnis, ob manuelle Anpassungen in der Nutzungsdauer vorgenommen worden sind, besteht die Möglichkeit, sich erst einmal einen Überblick über die Nutzungsdauern im Anlagenbestand zu verschaffen und diese weiterhin zu verifizieren. Durch Doppelklick in die jeweilige Zelle in der Pivottabelle eröffnet sich die „drill-down"-Option, bei der sich die einzelnen Anlagennummern sowie die ursprünglich angelegten Nutzungsdauern zeigen zu lassen.

Auch hier sieht man, dass man mit einfachen Bordmitteln wie dem Tabellenkalkulationsprogramm MS Excel ein Instrument im täglichen Gebrauch hat, durch das eine Datenanalyse vorgenommen werden kann, die einen tieferen Einblick in den Datenbestand des Anlagevermögens eröffnet und damit unterstützend auf die Prüfungshandlungen und das Prüfziel wirken kann.

### 9.1.7 Schlagwortsuche nach Erhaltungsaufwand

Aus der Anlagenzugangsliste gehen ebenso die Bezeichnungen der Anlagenzugänge hervor. Hier hilft es, über eine Schlagwortsuche nach möglichen Stichwörtern wie „Erneuerung", „Ertüchtigung", „Instandhaltung" usw. den Datensatz zu durchforsten, um gegebenenfalls Aktivierungen, die eigentlich den Aufwendungen zuzuordnen wären, ausfindig zu machen.

### 9.1.8 Schichtung auf Genehmigungsgrenzen

Anlagenzugänge lassen sich in ihrer Höhe in Schichten zerteilen. Vor allem sind die Schichten, die einer Genehmigung durch einen Dritten bedürfen, hier zu verifizieren bzw. auch Schichten zu wählen, die eine Häufung kurz unter der Genehmigungsgrenze aufzeigen. Auch dabei kann man sich beispielsweise Datenanalyseprogrammen mit Ihrer Schichtungsfunktion bedienen, um gezieltere Stichproben im Rahmen von beispielsweise IKS-Funktionsprüfungen zu ziehen bzw. auffällige Häufungen zu erkennen. Ebenso kann eine einfache Benford-Analyse Auskunft geben, ob eine Zahlenfolge gehäuft im Datensatz vorkommt. Zur Erstellung einer Benford-Analyse via MS Excel verweisen wir auf Kapitel 6.3.

### 9.1.9 Mögliche weitere Fragestellungen im Zusammenhang mit dem Anlagevermögen

Weitere Möglichkeiten im Bereich Datenanalyse, um nähere Einblicke in das Prüfgebiet Anlagevermögen zu erhalten, wären beispielsweise:

- die Untersuchungen von Anlagen im Bau, die seit über zwei Jahren noch nicht aktiviert wurden,

- die letzte Buchung in der Anlage im Bau, verglichen mit dem Zeitpunkt der Aktivierung,
- Anlagen mit Buchwert bei abgelaufener Nutzungsdauer,
- Anlagen, die im Berichtsjahr angeschafft und wieder veräußert wurden,
- Schlagwortsuche im Aufwand nach aktivierungsfähigen Sachverhalten,
- Prüfung von Analgenstammdatenänderungsprotokollen.

## 9.2 Standardanalysen aus GoBD-Datensätzen

Bereits der Standard-GoBD-Datensatz liefert eine Vielzahl von Analyse- und Auswertungsmöglichkeiten, von denen im Folgenden einige erläutert werden. Die hier dargestellten Analysen wurden zwar mit Hilfe eines Analysetools erstellt, können jedoch auch mit Tabellenkalkulationsprogrammen durchgeführt werden.

### 9.2.1 Einfache Validierung der Vollständigkeit

Hier wurde der Grundsatz genutzt, dass die Summe aller Soll/Haben-Buchungen stets auf null aufgehen muss:

**Am:** 05.03.2021 14:30:57
**Befehl:** TOTAL FIELDS EUR
**Tabelle:** Merged_Jan_bis_dez

| EUR | 0,00 |
|---|---|

**Abb. 9.5:** Datenvalidierung durch ausgeglichene Soll- und Habenbuchungen

### 9.2.2 Abgleich der Buchungs-/Belegdaten

Diese Prüfung kann sowohl für das Buchungs- als auch für das Belegdatum durchgeführt werden. Dabei müssten erwartungsgemäß die Daten innerhalb der zu analysierenden Periode (z.B. Geschäftsjahr) liegen:

**Am:** 05.03.2021 14:33:12
**Befehl:** STATISTICS ON Buchungsdatum TO SCREEN NUMBER 5
**Tabelle:** Merged_Jan_bis_dez

**Buchungsdatum**

| | Anzahl | Summe | Durchschnitt |
|---|---|---|---|
| Bereich | - | 365 | «Leere Datum» |
| Positiv | 19.334.918 | 851.037.671.302 | 05.07.2020 |
| Nullen | 0 | - | «Leere Datum» |

| Höchste | Niedrigste |
|---|---|
| 31.12.2020 | 01.01.2020 |
| 31.12.2020 | 01.01.2020 |
| 31.12.2020 | 01.01.2020 |
| 31.12.2020 | 01.01.2020 |
| 31.12.2020 | 01.01.2020 |

**Am:** 23.04.2021 12:19:51
**Befehl:** STATISTICS ON Belegdatum TO SCREEN NUMBER 5
**Tabelle:** Merged_Jan_bis_dez

**Belegdatum**

| | Anzahl | Summe | Durchschnitt |
|---|---|---|---|
| Bereich | - | 7.630 | «Leere Datum» |
| Positiv | 19.334.918 | 851.008.523.178 | 03.07.2020 |
| Nullen | 0 | - | «Leere Datum» |

| Höchste | Niedrigste |
|---|---|
| 31.12.2020 | 10.02.2000 |
| 31.12.2020 | 10.02.2000 |
| 31.12.2020 | 10.02.2000 |
| 31.12.2020 | 29.10.2001 |
| 31.12.2020 | 29.10.2001 |

**Abb. 9.6:** Untersuchung Beleg- und Buchungsdatum

**Praxistipp:**
Achten Sie bei der Analyse darauf, wie die Felder durch die Finanzbuchhaltung bebucht werden können. Viele ERP-Systeme haben fest definierte und variable Felder. Ein Buchungsdatum kann also beispielsweise fix gesetzt werden als das Datum, an dem die Buchung tatsächlich durchgeführt wird, und das Datum, auf das die Buchung verarbeitet werden soll. Letzteres kann dann durch den Buchenden manuell vorgegeben werden.

In der Praxis wird meist nur das Erfassungsdatum als nicht veränderbarer Zeitstempel im ERP erfasst, das jedoch nicht bei jedem GoBD-Datensatz Bestandteil des Auszugs ist.

### 9.2.3 Klassifizierung von Buchungen

Hierbei wurden die Buchungen jeweils nach Anzahl der Buchungen und Buchungsbetrag je Konto zusammengefasst. Die Analyse wurde mit ACL Comfort durchgeführt. Zusätzlich wurde manuell ein Betrag „je Buchung" ermittelt. Dieser liefert einen guten Vergleichswert zum Erwartungswert, den sich der Prüfer im Rahmen seiner analytischen Prüfungshandlungen vorab gebildet hat.

| Mit ACL erstellt von: DATEV | | | | | |
|---|---|---|---|---|---|
| Am: | 05.03.2021 14:38 | | | | |
| Befehl: | CLASSIFY ON GLAccountNo SUBTOTAL EUR TO SCREEN | | | | |
| Tabelle: | Merged_Jan_bis_dez | | | | |

| GLAccount No | Name | Anzahl | Prozent der Anzahl | EUR | EUR/Beleg |
|---|---|---|---|---|---|
| 111000 | Fertige Erzeugnisse (Bestand) | 5.963.704 | 30,84% | -1.450.195,67 | 0,24 |
| 500000 | Aufwendungen für bezogene Ware | 4.319.370 | 22,34% | 23.457.485,01 | 5,43 |
| 500300 | Aufwendungen bez. Ware IC | 1.210.180 | 6,26% | 9.221.348,76 | 7,62 |

**Abb. 9.7:** Anzahl Buchungen pro Konto und prozentuale Verteilung

## 9.2.4 Auswertung nach Erfasser von Buchungen

Diese Auswertung folgt einer ähnlichen Logik und Vorgehensweise wie die Erstellung einer Saldenliste. Die Auswertung kann auch betragsmäßig durchgeführt werden, jedoch geht es darum, die Intensität und den Umfang von Buchungen durch nicht berechtigte Personen zu ermitteln.

Diese Prüfung passt dabei beispielsweise sehr gut in die Prüfung des Berechtigungskonzeptes, insbesondere, wenn sie mit den maximalen Buchungsbeträgen verknüpft wird. Ebenfalls hilfreich ist es, über die Auswertung maschinelle Buchungen erkennbar zu machen und mit den jeweiligen Konten zu verbinden oder andersherum die Konten, die sonst nur maschinell gebucht werden sollten, auf manuelle Buchungen zu durchleuchten.

| Benutzer | Anzahl | Prozent der Anzahl |
|---|---|---|
| Mitarbeiter 1 | 4.069 | 0,58% |
| Mitarbeiter 2 | 11.057 | 1,58% |
| Mitarbeiter 3 | 31 | 0% |
| Mitarbeiter 4 | 3 | 0% |
| Mitarbeiter 5 | 6.883 | 0,98% |
| Mitarbeiter 6 | 234 | 0,03% |
| Mitarbeiter 7 | 4.630 | 0,66% |
| Mitarbeiter 8 | 6 | 0% |
| Mitarbeiter 9 | 792 | 0,11% |
| Mitarbeiter 10 | 69 | 0,01% |
| Mitarbeiter 11 | 446.711 | 63,67% |
| Mitarbeiter 12 | 185.277 | 26,41% |
| Mitarbeiter 13 | 8 | 0% |
| Mitarbeiter 14 | 3 | 0% |
| Mitarbeiter 15 | 1.593 | 0,23% |
| Mitarbeiter 16 | 5.204 | 0,74% |
| Mitarbeiter 17 | 2.983 | 0,43% |
| Mitarbeiter 18 | 32.053 | 4,57% |
| **Summen** | 701.606 | 100% |

**Abb. 9.8:** Übersicht der Erfasser und prozentualer Anteil von Buchungen pro Erfasser

Die Auswertung zeigt, dass der weit überwiegende Teil aller Buchungen von den Mitarbeitern 11 und 12 vorgenommen wird. In einer weiterführenden Analyse könnte sich beispielsweise herausstellen, dass dies automatische Buchungen von verschiedenen Nebenbüchern sind. Das würde die ungewöhnlich hohe Anzahl erklären. Ebenso wären jedoch die Buchungen der Mitarbeiter 4, 8, 13 und 14 zu hinterfragen. Die ungewöhnlich niedrige Anzahl spricht dagegen, dass es sich um Mitarbeiter aus dem Finanzbuchhaltungsbereich handelt.

## 9.3 Gegenkontenanalyse Bank

Eine klassische Anwendung von Datenanalysen findet sich in der Gegenkontenanalyse, bei der zu den Buchungen des Journals die Gegenkonten analysiert werden sollen. Insbesondere ist das Bankkonto oftmals auch als eine Beispielsprüfungshandlung im Rahmen des Journal Entry Testing relevant.

Bei diesem Prüfungsschritt sollen Journalbuchungen, die über das Bankkonto abgewickelt worden sind, daraufhin analysiert werden, ob diese gegen Debitoren- und Kreditorenkonten gebucht wurden oder direkt in Ertrags- und Aufwandskonten.

Die Analyse erfordert zwei Tabellen:

- Journalbuchungen,
- Kontenplan bzw. Verzeichnis über die Konten samt Kontenbezeichnungen.

**Praxistipp:**
Ist ein Systemzugang zum ERP vorhanden, reicht es auch aus, sich die Buchungen über alle Bankkonten in Summe zu extrahieren. Wir weisen hier auf die Buchungen im Journal bzw. im GoBD-Datensatz hin, da dieser meist für die Jahresabschlussprüfung in Gänze bereits abgefragt worden ist und ohnehin dem Prüfer zur Verfügung steht.

Um die Analyse durchzuführen, müssen die beiden Tabellen miteinander verknüpft werden.

Aus dem Journal gehen alle im Geschäftsjahr gebuchten Buchhaltungsbelege hervor. Relevante Datenfelder für die Analyse sind neben den übergeordneten, wie beispielsweise Buchungskreis, Geschäftsjahr und Belegnummer, insbesondere:

- Buchungsbetrag,
- Buchungstext,
- Hauptbuchkonto,
- Gegenkonto,
- ggf. Debitorennummer,
- ggf. Kreditorennummer,
- ggf. Kontenart.

Um die Konten auch mit Kontenbezeichnung zuordnen zu können, bedarf es einer Zusammenführung der beiden Tabellen. Über die eindeutige Zuordnung der Kontennummer werden für die Analyse zwei Spalten in der Tabelle der Journalbuchungen ergänzt:

- Bezeichnung Hauptkonto,
- Bezeichnung Gegenkonto.

Nun hilft ein Blick auf den Kontenplan, um zwei Fragen zu eruieren:

- Welche Hauptkonten bilden Bankkonten ab?
- Welche Konten/Kontenbereiche sind Ertrags- und Aufwandskonten?

**Praxistipp:**
In der Praxis erfolgt meist eine Zuordnung anhand der ersten Stelle in den Konten, beispielsweise werden 4XXXXXXX-Konten als Ertragskonten und 5XXXXXXX- Konten als Aufwandskonten im ERP geführt.

Es verbleibt, um zum Analyseziel zu gelangen, nur noch die Notwendigkeit einer Filterung der relevanten Buchungen, indem bei den Hauptbuchkonten auf die identifizierten Bankkonten gefiltert wird und bei den Gegenkonten die Filterung auf die Aufwands- und Ertragskonten gesetzt wird. Die Praxis zeigt, dass die Analyse im Verhältnis zum ursprünglichen Umfang der Bankbuchungen meist nur noch wenige auffällige Buchungen ausweist.

Aus den Buchungstexten bzw. den Gegenkontenbezeichnungen lässt sich über die auffälligen Buchungen eine weitergehende Analyse durchführen.

## 9.4 Maverick Buy

Für den Einkaufsprozess wird meist ein standardisierter Prozess vorgegeben, in dem Regelungen getroffen sind, welche Kontrollen beinhalten, die sowohl eine Funktionstrennung vorsehen als auch zur Wirtschaftlichkeit des Unternehmens beitragen sollen.

Der Beschaffungsprozess im Einkauf sollte etwa folgende Ablaufschritte inkludieren:

- Bedarfsermittlung,
- Bestandskontrolle,
- Budgetfreigabe,
- Lieferantenauswahl,
- Bestellung,
- Bestellüberwachung,
- Wareneingang und
- Zahlungsabwicklung.

Der Einkauf wird dabei meist über eine eigenständige Einkaufsabteilung, abhängig von der Größenordnung des Unternehmens, gesteuert, die hauptsächlich neben den klassischen Aufgaben der Terminverfolgung, der Kontrolle der Wareneingänge sowie der Verwaltung der Lagerbestände auch als wichtige Aufgabe haben, sich um die Auftragsvergabe, die Neuvergabe von Aufträgen und insbesondere die Festlegung von Preisen und Konditionen mit den Lieferanten zu kümmern.

Von einem Maverick Buy spricht man dabei im Beschaffungsprozess, wenn Beschaffungen nicht auf dem standardisierten Prozess stattfinden. Das kann zum Beispiel gegeben sein, wenn Fachabteilungen ohne Einbindung der Einkaufsabteilung Aufträge vergeben oder Materialen bzw. Dienstleistungen einkaufen.

Der Grund liegt in der Praxis oft darin, dass der Prozess über die Einkaufsabteilung als zu langwierig empfunden wird oder der Einkauf einer schnellen Entscheidung bedarf bzw. eine hohe Dringlichkeit aufweist.

Die Nachteile liegen dabei auf der Hand. Neben der Aushebelung der organisatorischen Vorgaben, den Regelungen des Beschaffungsprozesses zu entsprechen, können finanzielle Nachteile, insbesondere durch schlecht geführte Verhandlungen mit den Lieferanten, fehlende Einholung von Vergleichsangeboten und nicht ausgenutzte Konditionen mit den bereits vorhanden Rahmenverträgen, die beispielsweise Preisstaffelungen beinhalten können, entstehen.

Um einen Eindruck von den möglichen Maverick-Buy-Fällen zu erhalten, hilft eine Datenanalyse.

Wie kann man insbesondere Fälle von Maverick Buy ausfindig machen? Zum Beispiel durch Analyse folgender Fragestellungen:

- Liegen für alle Eingangsrechnungen auch Bestellungen vor, die von der Einkaufsabteilung getätigt wurden?
- Weichen die Zahlungskonditionen der Rechnungen von den mit der Einkaufsabteilung und dem Lieferanten festgelegten Zahlungskondition ab?
- Ist der Rechnungspreis mit den getroffenen Vereinbarungen der Lieferanten und den hinterlegten Rahmenverträgen kongruent?

i

**Hinweis:**
Für die genannten Fragestellungen ist es zwingend notwendig, sich neben den Buchungen im Hauptbuch auch mit den Nebenbüchern eines ERP-Systems auseinanderzusetzen. Hierbei helfen ein grundsätzliches Verständnis, eine Aufnahme des Ablaufs und im Besonderen die einzelnen Eingaben sowie die Berücksichtigung des Datenflusses beim Einkaufsprozess, um die richtigen Datengrundlagen für die Fragestellung zu eruieren und einander gegenüberzustellen.

## 9.5 Analyse auf Fehlzeiten

Das folgende Beispiel widmet sich der Datenanalyse in einem anderen Kontext als dem der Jahresabschlussprüfung und zeigt, welche Möglichkeiten in anderen Bereichen und zu anderen Untersuchungszwecken bestehen. Das Beispiel entstammt, wie auch die vorherigen, einem echten Untersuchungstatbestand und wurde für Zwecke der Darstellung in diesem Buch optisch und inhaltlich anonymisiert.

Der zugrunde liegende Sachverhalt stellt sich vereinfacht wie folgt dar:

In einem Produktions- und Dienstleistungsunternehmen sind ca. 600 Mitarbeiter im Mehrschichtbetrieb beschäftigt. Das Unternehmen hat ein gutes Dutzend Standorte über ganz Deutschland verteilt und ist auch ansonsten eher dezentral organisiert. Gegenstand ist die Produktion von Kleinserien und sodann der Einbau beim Kunden, daran anschließend die Wartung. Die jeweils verbauten Produkte sind teilweise mobil und werden zu Wartungszwecken in die Servicecenter gebracht. Diese haben je einen Meister zur Aufsicht, welcher die organisatorische und disziplinarische Überwachungsfunktion innehat. Durch einen anonymen Tippgeber erhielt unser Mandant den Hinweis, dass im sogenannten Werkstattbereich (also dem Wartungsbereich) Anwesenheiten manipuliert werden.

Wenn man insbesondere die in Kapitel 5 (insbesondere Abb. 5.1) dargestellte systematische Vorgehensweise beachtet, so ist der erste Schritt die Untersuchung des internen Kontrollsystems zur Zeiterfassung. Diese zeigte, dass die Zeiterfassung an eine Zutrittskontrolle gekoppelt ist und die Mitarbeiter/innen bei Eintritt bzw. Verlassen eines Arbeitsbereiches durch ein Kartensystem „ein-“ bzw. „ausstempeln“. Zudem wurde bei der Prozessaufnahme ersichtlich, dass ein tägliches Zeiterfassungsprotokoll erzeugt wird, das dem Meister via E-Mail zugesandt wird, der die Möglichkeit hat, durch einen Klick eine Prüfung zu erzwingen. In diesem Fall wurde das interne Kontrollsystem intensiv mit dem Abschlussprüfer besprochen, aus der Analyse ergaben sich keine signifikanten Schwachstellen. Auch die Arbeit des Abschlussprüfers, der neben der Angemessenheitsprüfung auch eine Wirksamkeitsprüfung auf Basis einer Stichprobe durchgeführt hatte, war nicht zu beanstanden. Es gab ein zwar recht grobes, aber dennoch scheinbar funktionsfähiges Vier-Augen-Prinzip.

In einem zweiten Schritt wurden dann die Meister der jeweiligen Standorte (in unserem Fall sieben) einer Befragung unterzogen. Da die Untersuchung außerhalb einer Abschlussprüfung erfolgte, wurden sie entsprechend belehrt und gebeten, Auskunft über den Prozess der Zeiterfassung und -kontrolle zu geben. Eine wesentliche Erkenntnis aus diesen Gesprächen war, dass dort (erwartungsgemäß) keine Manipulationen aufgefallen waren, jedoch die implementierten Kontrollen scheinbar wirkungslos waren, da die Zeitberichte nicht durchgesehen wurden. Es stellte sich heraus, dass durch die weitere Verzweigung des Geländes und die daraus entstehende Unübersichtlichkeit die Meister faktisch keinen Überblick haben, was die Mitarbeiter/innen wann und wo genau machen. Sie erhalten diese Information erst bei Faktura und dann auch nur in aggregierter Form. Es lag somit auf der Hand, eine Möglichkeit zu finden, die Zeiterfassung auf Manipulationsmöglichkeiten zu untersuchen.

In einem dritten Schritt wurde sodann die Zeiterfassung genau diesbezüglich untersucht und man gelangte zu dem Ergebnis, dass eine Manipulation an den Erfassungsterminals (also Falscheingaben von Zeiten) nicht möglich ist. Die Mitarbeiter identifizieren sich durch eine ID-Karte und eine Veränderung des Zeitstempels kann nur durch Freigabe zweier weiterer Personen (davon eine Personalleitung) erfolgen. Dies wurde getestet und für valide befunden. Bis zu diesem Punkt wurden noch keine Daten analysiert oder ausgewertet. Dies geschah in erst in einem vierten Schritt.

Nach Abstimmung mit dem Betriebsrat wurde ein Extrakt aus dem Zeiterfassungstool generiert. Dieses liefert eine fortlaufende Liste aller an Ein- und Ausgangsterminals erfassten Bewegungen. Die Terminals sind dabei so steuerbar, dass zwei Hauptterminals gleichzeitig zur Zeiterfassung dienen (nämlich Ein-/Ausgänge), während die übrigen nur der Zutrittskontrolle dienen. Ein Export sah (in Excel importiert) sodann in etwa wie folgt aus:

| Datum | Mitarbeiter | Kommt | Location | Move | CC |
|---|---|---|---|---|---|

**Abb. 9.9:** Beispiel Fehlzeiten: Import Liste Ein- und Ausgangsterminal

Die Felder sind dabei das Datum der Bewegung, die Mitarbeiternummer, die genaue Zeit (der Spalte „Kommt“ zugeordnet), die Location (Terminalnummer), „Move“ (die Gangrichtung) und CC für Cost Center.

Die Daten wurden für einen Drei-Monats-Zeitraum extrahiert und erlauben, bezogen auf die Mitarbeiternummer, ein recht genaues Bewegungsprofil (wer sollte sich wann in welchem Bereich wie lange aufgehalten haben). Dies spiegelt (wie in Kapitel 5 beschrieben) die ersten Schritte der Datenanalyse – Datenabzug und Prüfung der Vollständigkeit, bezogen auf den Prüfungszweck – wider.

Als Prüfzweck wurden weiterhin folgende Kriterien festgelegt:

- Zutreffender Übertrag der Zeiten aus dem Nebenbuch in das Hauptbuch (die Unveränderbarkeit im Nebenbuch wurde bereits oben bestätigt),
- Möglichkeit des Nachtrags von Fehlzeiten,
- Anomalien in der Zeiterfassung.

Die exportierten Daten können nun nach Aufbereitung (Zuordnung der Felder zu Formaten usw.) analysiert werden. Die Analyse erfolgte dabei in einem selbst erstellten MS Access Tool, welches auftragsgemäß später auch an den Auftraggeber für eigene Prüfzwecke übergeben werden sollte. Aus Vereinfachungs- und Übersichtlichkeitsgründen sind die Schritte hier in MS Excel dargestellt; damit ist die Prüfung identisch möglich, da alle Datenformate auch in Excel systemseitig bekannt und damit rechenbar sind.

Zunächst erfolgte eine Auswertung der Arbeitszeiten nach Tagen und ein Abgleich mit der Personalabrechnung. Differenzen wurden lediglich durch Rundungen erkannt. Das Ergebnis nach der Auswertung: kein Fehler.

Die beiden erst genannten Prüfzwecke konnten sehr schnell als unkritisch abgeschlossen werden.

In Bezug auf die Fragestellung ergeben sich mehrere Ansatzmöglichkeiten zur Analyse von Anomalien. Hierzu ein Extrakt aus den Echtzeiten:

| Datum | Mitarbeiter | Kommt | Location | Move | CC |
|---|---|---|---|---|---|
| 10.08.2020 | 7884 | 06:19:27 | HT2 | IN | 554 |
| 10.08.2020 | 5214 | 06:19:28 | HT2 | IN | 554 |
| 10.08.2020 | 3257 | 06:19:30 | HT2 | IN | 554 |
| 10.08.2020 | 4471 | 06:19:31 | HT2 | IN | 554 |
| 10.08.2020 | 3255 | 06:19:53 | HT2 | IN | 554 |
| 10.08.2020 | 2941 | 06:20:12 | HT2 | IN | 554 |
| 10.08.2020 | 7884 | 15:32:23 | HT2 | OUT | 554 |
| 10.08.2020 | 5214 | 15:32:26 | HT2 | OUT | 554 |
| 10.08.2020 | 3257 | 15:32:28 | HT2 | OUT | 554 |
| 10.08.2020 | 4471 | 15:32:31 | HT2 | OUT | 554 |
| 10.08.2020 | 3255 | 15:29:18 | HT2 | OUT | 554 |
| 10.08.2020 | 2941 | 15:36:12 | HT2 | OUT | 554 |
| 13.08.2020 | 7884 | 06:21:16 | HT2 | IN | 554 |
| 13.08.2020 | 5214 | 06:21:14 | HT2 | IN | 554 |
| 13.08.2020 | 3257 | 06:21:17 | HT2 | IN | 554 |
| 13.08.2020 | 4471 | 06:21:21 | HT2 | IN | 554 |
| 13.08.2020 | 3255 | 06:12:12 | HT2 | IN | 554 |
| 13.08.2020 | 2941 | 06:18:37 | HT2 | IN | 554 |
| 13.08.2020 | 7884 | 15:35:37 | HT2 | OUT | 554 |
| 13.08.2020 | 5214 | 15:35:35 | HT2 | OUT | 554 |
| 13.08.2020 | 3257 | 15:35:39 | HT2 | OUT | 554 |
| 13.08.2020 | 4471 | 15:35:41 | HT2 | OUT | 554 |
| 13.08.2020 | 3255 | 15:27:16 | HT2 | OUT | 554 |
| 13.08.2020 | 2941 | 15:28:12 | HT2 | OUT | 554 |

**Abb. 9.10:** Datenextrakt Beispiel Fehlzeiten

Stellen Sie sich bitte diese Tabelle „in echt“ vor (ca. 500.000 Zeilen), hier wurden alle Bewegungen erfasst. In einem ersten Schritt wurden nur die Zeiten extrahiert, die die Terminals mit Zeiterfassung betrafen (hiervon gab es zwei: HT1 und HT2). Sodann konnte in einer Mischung aus statistischer Analyse und Regressionsanalyse ein typischer Mitarbeiter „modelliert“ werden und es konnten Personen identifiziert werden, die sich statistisch abnormal verhielten. Gerade die Regressionsanalyse hat hier den methodischen Durchbruch geliefert. Bitte erinnern Sie sich: Die Regressionsanalyse zeigt Trendentwicklungen und erzeugt so eine Art „Ideallinie“. Es ist sehr ungewöhnlich, dass Messpunkte genau auf der Ideallinie oder sehr dicht beieinander liegen. Genau dies war hier nun der Fall.

In der oben dargestellten Datenmenge (für zwei Tage und auch nur für die sechs gleichen Mitarbeiter) erkennen Sie sehr gut (unter anderem auch weil es hier sortiert ist), dass die ersten vier Mitarbeiter den Ein- bzw. Ausgang in einem jeweils sehr kurzen Zeitfenster gleichzeitig passiert haben. Im Beispiel haben die ersten vier Mitarbeiter den Eingang in einem Zeitfenster von vier Sekunden passiert, gleiches gilt für den Ausgang. Mittels der Regressionsanalyse konnte so sehr schnell eine Gruppe von vier Mitarbeitern identifiziert werden, die sowohl bei den Ein- wie auch bei den Ausgängen zeitlich sehr dicht beieinander lagen. Betrachtet man die „Out-Zeiten", liegen sie in einem Acht-Sekunden-Zeitfenster beieinander.

Dies ist per se kein Zeichen für eine Manipulation, bedeutet jedoch praktisch, dass die Mitarbeiter de facto unmittelbar hintereinander durchgegangen sein müssen. Das hier für zwei Tage gezeigte Bild ergab sich letztlich für nahezu ein Drittel der Arbeitstage.

Die Datenanalyse geht nun jedoch weiter und lässt sich an diesem Beispiel sehr gut skizzieren. Hier sind zwei Tage dargestellt: der 10. und der 13. August. Es ist erkennbar, dass jeweils ein anderer Mitarbeiter aus der Vierergruppe als erstes „eincheckte". Hier einmal die 7884 und am 13. August die 5214. Gleiches beim Auschecken. Als Zwischenergebnis steht somit die These im Raum, dass beispielsweise am 10. August Mitarbeiter 7884 in echt physisch eincheckte und die Mitarbeiter 5214, 3257 und 4471 mit „anmeldete", diese aber tatsächlich nicht da waren.

Eine solche „Zufälligkeit" ist denkbar, aber ungewöhnlich. Im Rahmen der weitergehenden Datenanalyse muss nun die Zuverlässigkeit der These validiert werden. Hierzu wurden wiederum alle Bewegungsdaten herangezogen, also auch die, die nicht zur Zeiterfassung relevant sind. Wie eingangs erwähnt müssen die Mitarbeiter/innen, um in bestimmte Bereiche zu gelangen, die Türen durch einen Transponder entsperren. Sofern die These richtig ist, dass beispielsweise am 10. August nur Mitarbeiter 7884 anwesend war, dürften nur für ihn an anderen Terminals Bewegungen registriert worden sein, nicht aber für die anderen.

Eine Auswertung aller Bewegungen für diesen Personenkreis ergab, dass an den besagten Tagen tatsächlich nur für jeweils einen aus der Gruppe Bewegungen verzeichnet wurden.

An diesem einfachen Beispiel außerhalb der Abschlussprüfung lässt sich sehr gut erkennen, dass das grundsätzliche methodische Vorgehen und insbesondere die Vorarbeit nahezu identisch mit der Methodik des Abschlussprüfers sind.

Zunächst muss zwingend ein Prozessverständnis vorliegen, da sonst planlos Daten analysiert werden, die meist zu keinem zielgerichteten Ergebnis führen. Es ergibt ebenfalls keinen Sinn, sogleich mit einer großen Datenmenge zu starten, sondern diese sollte sinnvoll geschichtet werden. Es ist ebenso zwingend erforderlich, die in einem Prozess bestehenden technischen und prozessualen Kontrollen nochmals aufzunehmen und zu hinterfragen. Dies zeigt auch gleichzeitig die Grenzen der Datenanalyse auf: Die vorliegende Prüfung wäre ohne einen konkreten Anlass so nicht erfolgt und wäre auch so nicht „auf gut Glück" beauftragt worden.

# 10 Grenzen und Mittel der Datenanalyse (insbesondere bei sensiblen Daten)

## 10.1 Datenanalyse und personenbezogene Daten

Es gibt Gebiete der Abschlussprüfung, die mit Datenmengen umgehen, die einer besonderen Aufmerksamkeit bedürfen – die Verarbeitung personenbezogener Daten gehört zweifellos dazu. Gerade vor dem Hintergrund der DSG-VO muss der Abschlussprüfer hier besonders sorgfältig arbeiten. Es gilt als einigermaßen gesichert, dass die Verarbeitung personenbezogener Daten im Rahmen der Abschlussprüfung wohl vom Auftragsverhältnis zwischen Abschlussprüfer und zu prüfendem Unternehmen gedeckt ist und der Abschlussprüfer in diesem Rahmen recht frei agieren darf. Es stellt sich aber die Frage, wo die Grenzen liegen.

**Beispiel**

Bei der Prüfung des Personalaufwandes sollen Stichproben für Personalzu- und -abgänge ausgewertet werden. Dabei wird auf ein Datenkonvolut der Personalabrechnung zurückgegriffen, das zwar keine Klarnamen, aber ansonsten alle bekannten Informationen wie Bankverbindungen usw. enthält. Durch sehr einfache Verknüpfungen kann man beispielsweise die Bankverbindungen oder andere Stammdaten auf Doubletten untersuchen. Ist das noch Teil der Abschlussprüfung? Eher nicht.

Im Rahmen der Abschlussprüfung stehen dem Abschlussprüfer kaum Hürden im Wege, auch personenbezogene Daten abzurufen und auszuwerten, dennoch sollten diese zielgerichtet und spartanisch abgerufen und untersucht werden. Der Prozess des Datenabrufs sowie der erhaltenen Daten ist detailliert zu dokumentieren. Gegebenenfalls sind Mitbestimmungsrechte zu beachten.

Eine Handlungsempfehlung aus der Praxis zeigt, dass man das Prüfobjekt und die damit verbundene Fragestellung sehr detailliert und genau definieren und dementsprechend dann die Datengrundlage maximal einschränken sollte. Diese Anforderung ergibt sich zunächst aus der Prüfung selbst. Im Rahmen der Prüfung personenbezogener Daten sollte dies noch intensiver und vor allem zeitnah dokumentiert werden.

Da wir die Frage von Berufskollegen immer wieder erhalten: Nein, die Auswertung von E-Mail-Postfächern gehört unseres Erachtens nicht zur Klaviatur einer Abschlussprüfung.

Daher sollte davon abgesehen werden, weitere Auswertungen, die nicht im Kontext der Generierung von Prüfungssicherheit stehen oder zu einer Prüfungssicherheit führen, vorzunehmen. Insbesondere sollten Prüfungshandlungen, die in Zusammenhang mit der Überprüfung von Mitarbeitern bzw. deren Leistungen gebracht werden können, vermieden werden.

Eine Möglichkeit, die sich bei personenbezogenen Daten bietet und die unabhängig von der Prüfungshandlung in jedem Fall genutzt werden sollte, ist das Pseudoanonymisieren bzw. Anonymisieren der Datengrundlage. Die Verknüpfung mit dem Klarnamen sollte in jedem Fall zur Vermeidung von Missverständnissen dem verantwortlichen Wirtschaftsprüfer vorbehalten sein.

Unter Anonymisierung versteht man das Abändern der Datengrundlage, sodass darin keine personenbezogenen Informationen mehr vorhanden sind; dies könnte beispielsweise der Fall sein, wenn man Namen, Vornamen, Adresse und Bankverbindung aus einem Lohnjournal streicht und evtl. nur die Zahlungshöhe und der Zahlungszeitpunkt für die Analyse entscheidend sind.

Die Pseudonymisierung definiert die DSG-VO in Art. 4 Abs. 5 wie folgt:

„Die Verarbeitung personenbezogener Daten in einer Weise, dass die personenbezogenen Daten ohne Hinzuziehung zusätzlicher Informationen nicht mehr einer spezifischen betroffenen Person zugeordnet werden können, sofern diese zusätzlichen Informationen gesondert aufbewahrt werden und technischen und organisatorischen Maßnahmen unterliegen, die gewährleisten, dass die personenbezogenen Daten nicht einer identifizierten oder identifizierbaren natürlichen Person zugewiesen werden."

Dies wäre nach Verständnis der Autoren beispielsweise dann der Fall, wenn personenbezogene Daten durch Buchstaben-/Zahlenkombinationen ersetzt werden würden, die eine Analyse ermöglichen, während dem Analysierenden jedoch der Schlüssel zur Übersetzung in den Klartext fehlt.

Bei der Übertragung von personenbezogenen Daten ist es insbesondere wichtig, diese hinreichend durch Passwortvergabe zu schützen, anderweitige Verschlüsselungstechniken und die Übergabe über einen gesicherten Übertragungsweg sind ebenfalls anzuraten.

**Praxistipp:**
Ein weiterer Tipp ist auch hier das „least to have"-Prinzip, die Datengrundlage auf die Fragestellung abzuspecken und nur die für die Auswertung der Analysen notwendige Datengrundlage zu extrahieren.

## 10.2 Das Datengerüst

Die Grenzen der Datenanalyse bemessen sich wesentlich am Umfang, an der Qualität und an der Verfügbarkeit des Datengerüsts, das nun mal bei jeder Datenanalyse den Grundbaustein darstellt.

In jeder der gezeigten Phasen der Datenanalyse kann der Prüfer auf Schwierigkeiten stoßen, die eine Prüfung verhindern können.

Bereits im ersten Schritt kann die Datenanalyse ins Leere laufen, wenn die erforderliche Datenmenge nicht hinreichend für das Prüfobjekt definiert werden kann bzw. weil beispielsweise die Datenbankstruktur dem Prüfer nicht bekannt ist. Es ist daher zwingend erforderlich, dass sich der Prüfer damit auseinandersetzt, welche Datengrundlage er benötigt, um sein Prüfziel erreichen zu können.

In der Praxis zeigt sich nach wie vor, wenn auch in abnehmendem Ausmaß, dass Unternehmen die Welle der Digitalisierung unterschiedlich stark wahrnehmen. Dabei werden noch viele Prozesse auf analogen Mitteln abgewickelt, so etwa die Ablage der Eingangsrechnungen oder beispielsweise die Einholung von Unterschriften. Hier wird eine Datenanalyse ausgeschlossen, da die Datenmenge, die für die Analyse benötigt wird, schlichtweg nicht vorhanden ist.

Eine weitere Schwierigkeit kann darin bestehen, dass die Daten aus dem ERP-System oder Vorsystemen nicht exportierbar sind bzw. die Kenntnis über den Exportvorgang fehlt. Auch fehlende Extraktionstools bzw. zu große Datenmengen können eine Hürde darstellen.

Die Datengrundlage kann aufgrund von Mängeln in der Parametrisierung und Konfiguration der Exportschnittstelle zu unvollständigen oder unrichtigen Datenabrufen führen. Hier gilt es, das Problem bei der Wurzel zu packen und zunächst die Exportschnittstelle zu prüfen, bevor man den nächsten Schritt machen kann.

Neben der Exportschnittstelle kann es auch bei einer validen Schnittstelle aus unterschiedlichsten Gründen zu einer Verwerfung bei der Datenvalidierung kommen. Kann der Fehler nicht behoben und damit eine Datenkonsistenz nicht gewährleistet werden, wird die Datenanalyse wegen mangelnder Datenbasis fehlschlagen.

Weiterhin kann der Prüfer an Grenzen stoßen, wenn die Datengrundlage, die er für sein Analyseziel benötigt, in so komplexer und unstrukturierter Form vorliegt, dass sie eine erhöhte Toolkompetenz erfordern würde, aber die unterstützenden Softwareanwendungen und/oder die entsprechende Programmierkompetenz nicht vorhanden sind.

Ferner können Datenanalysen nicht vollständig alle Schritte einer Abschlussprüfung ersetzen, vielmehr können sie sie sinnvoll ergänzen. So werden klassische Prüfungshandlungen in Form von Interviews, Inaugenscheinnahme, Sichten von Verträgen und weiteren Informationen, Aufbau des Verständnisses der Geschäftstätigkeit sowie Sichten von einzelnen analogen oder digitalen Belegen nicht durch Datenanalysen ersetzt werden.

Insbesondere gibt es Prüfgebiete, wie beispielsweise Rückstellungen, die einzelfallbasiert abgewogen werden müssen und bei denen der Abschlussprüfer sich ein Bild von jedem einzelnen relevanten Sachverhalt machen muss, um seine Entscheidungsgrundlage zu stützen. Auch hier kann die Datenanalyse lediglich eine unterstützende Funktion einnehmen.

## 10.3 Tools für die Datenanalyse

Wie es im Volksmund heißt, ist ein Handwerker nur so gut wie sein Werkzeug und umgekehrt das beste Werkzeug nur so gut wie der Handwerker, der es benutzt.

Dies spiegelt sich auch in der Software wider, die man für die Datenanalyse auswählt. Die teuerste Software muss nicht zwangsläufig die zielführendste sein. Ebenso ist es wichtig, mit einzubeziehen, für welchen Zweck man die Software verwendet. Beschäftigt man sich lediglich mit kleinen Datenvolumina, kann beispielsweise auch das bekannte Tabellenkalkulationsprogramm MS Excel ausreichend sein.

**Praxistipp:**
Seit MS Excel 2007 kann ein Tabellenblatt 1.048.576 Zeilen und 16.384 Spalten (A bis XFD) und damit insgesamt 17.179.869.184 Zellen umfassen. Auch wenn die vorgegebene Begrenzung für viele Anwendungsfälle in der Theorie ausreichend wäre, ist zu berücksichtigen, dass die Performance bei einem so großen Datenvolumen schon bei kleinsten Formeln je nach Art des verwendeten Rechners bzw. Notebooks an ihre Grenzen stößt. Aus der Erfahrung zeigt sich, dass man beispielsweise GoBD-Datensätze mit einem Zeilenvolumen von rund 200.000 – 300.000 Zeilen noch gut in MS Excel bearbeiten kann.

Aber auch die Affinität und die Bereitschaft, sich mit einer Software auseinanderzusetzen, sind relevant. Wir stellen in dieser Lektüre daher die für unser Empfinden greifbarsten und benutzerfreundlichsten Varianten mit Ihren Vor- und Nachteilen vor. Bei den vorgestellten Varianten werden keine tiefergehenden Programmierkenntnisse erwartet, wie Sie beispielsweise in der Bedienbarkeit von Python oder der Programmiersprache R von Bedeutung wären.

**Hinweis:**
In der Praxis bewährt es sich zudem auch, sich nicht nur auf eine Variante der Software zu fokussieren. Meist arbeitet man mit dem Programm, das für die Aufgabenstellung den besten Nutzen und die einfachste Bedienbarkeit verspricht.

### 10.3.1 Microsoft Excel (MS Excel)

MS Excel in der ersten Version ist im September 1985 auf dem Markt erschienen. Es ist bewundernswert, dass sich dieses Tabellenkalkulationsprogramm derart verbreitet und durchgesetzt hat. Inzwischen gibt es kaum jemanden in der Prüfung, der mit dieser Anwendung keine Berührungspunkte aufweist.

Zusätzlich zu umfangreichen Berechnungen mit vorprogrammierten Formeln und Funktionen können neben Zahlenwerten auch Datumswerte und Texte miteinander logisch verkettet, gefiltert, gruppiert und sortiert werden. Verknüpfungen und Auswertungsmöglichkeiten mittels Pivottabellen und die weitreichende Darstellung in bedingten Formatierungen und Diagrammen runden das Profil von MS Excel ab.

Durch die gängige und bekannte Oberfläche und die Benutzung der gängigen Windows-Menüs ist die Integration in den Berufsalltag einfach. Derjenige, dem die gängigen Funktionen nicht ausreichen bzw. der einen weitreichenden Automatisierungsgrad in seinem prüferischen Alltag erreichen möchte, kann sich durch Einbetten mittels Visual Basic for Applications eigener Funktionen bedienen.

Zudem bietet der eingebettete Makrorekorder in MS Excel die Möglichkeit, auch ohne große Programmierkenntnisse einen standardmäßig hohen Automatisierungsgrad in kurzer Zeit zu erreichen. Für die gängige Applikation gibt es zudem viele nützliche kostenfreie und auch kostenpflichtige Add-ons, d.h. Zusatzprogramme, die mit dem Aufruf von MS Excel zur Verfügung stehen und den Arbeitsalltag eines Prüfers erleichtern.

Wir fassen kurz die Vor- und Nachteile des Programms in nachfolgender Tabelle zusammen:

| **Vorteile** | **Nachteile** |
|---|---|
| gehört zum Standard-Windows-Paket und steht damit uneingeschränkt zur Verfügung | Zeilen- und Spaltenvolumen ist beschränkt |
| die Vielzahl an Funktionalitäten und vordefinierten Formeln ermöglicht Aufbereitung und Analyse von Datensätzen sowie die Darstellung in Diagrammen | Performance leidet ab einer gewissen Dateiengröße ohne Ausschöpfung des Maximalvolumens schon bei einfachen Anwendungen von Funktionen oder Filterungen |
| ohne große Programmierkenntnisse, jedoch mit einer gewissen Einarbeitungsphase einsetzbar | komplexe Verknüpfungen nur möglich, wenn die Formeln dafür bekannt sind |
| sehr große Community und kostenfreies Lehrmaterial im Internet verfügbar | keine Standardauswertungen für einen Datensatz, wie beispielsweise Feldstatistiken etc. |
| Kompatibilität im Team, Weitergabe von erstellen Templates möglich | Verknüpfungen zwischen Datensätzen nur mittels Formeln möglich |

| Vorteile | Nachteile |
|---|---|
| Möglichkeit der Erweiterung mittels Add-ons bzw. durch Eigenprogrammierung mittels VBA | nicht revisionssichere Ablage, keine Protokollierung der einzelnen durchgeführten Prüfschritte |
| Aufnahme von repetitiven Tätigkeiten ohne Programmierkenntnissen mittels Makro-Recorder | keine vordefinierten Funktionen wie beispielsweise Benford-Analyse, Schichtung, Mehrfachanalyse, Lückenanalyse verfügbar |

### 10.3.2 ActiveData für Excel

ActiveData für Excel stellt ein klassisches Add-on für Excel dar, welches mit einer Vielzahl an Datenanalysefunktionen und Zusatzfunktionalitäten ausgestattet ist. In der Anwendung findet man die Grundausstattung, die man für die Prüfung braucht, schon in vorgefertigten Analysebuttons.

Dies wird beispielhaft in der folgenden Abbildung ersichtlich. Um auf alle Funktionen im Einzelnen einzugehen, sind die Seiten dieses Buchen zu knapp, jedoch sind die gängigen Funktionen, die man sonst über mehrere Formeln in Excel händisch erzeugen müsste, bereits vorhanden: beispielsweise eine klassische Feldstatistik, eine Schichtung von Beträgen, das Auffinden von Lücken (beispielsweise in Belegnummern) oder das Identifizieren von höchsten oder niedrigsten Elementen.

**Abb. 10.1:** Funktionalitäten ActiveData als Add-on in MS Excel

Insgesamt sind über 100 einzelne Funktionen in ActiveData für Excel verfügbar. Auf der Homepage wird damit geworben, dass die Kenntnisse zur Analyse von Daten, die Sie beim Arbeiten mit ActiveData für Excel erwerben, auch auf andere Analysewerkzeuge und Prüfsoftware wie beispielsweise IDEA oder ACL übertragbar sind.

Es wird nicht verwundern, dass der geübte Anwender von IDEA sich in kürzester Zeit bei der Anwendung von ActiveData für Excel wie zu Hause fühlen wird, da die Software von dem ehemaligen IDEA-Chefentwickler John West erschaffen wurde.

Die Vor- und Nachteile der Anwendung aus unserer Sicht fassen wir wie folgt zusammen:

| Vorteile | Nachteile |
|---|---|
| ein voller Werkzeugkasten mit vordefinierten Funktionen, die ohne jegliche Programmierkenntnisse und Kenntnisse von Formeln einfach anwendbar sind | Kapazitätsbeschränkung auf Excelkapazitäten |
| vielfältige Abfragen explizit für den prüferischen Alltag, welche neben den Datenanalysefunktionalitäten im engeren Sinne insbesondere auch standardisierte Auswahlmasken für Benford-Analysen und Stichprobenverfahren ermöglichen | Performanceeinbußen bei größeren Datensatzvolumina |
| der Datenimport erfolgt über die Möglichkeiten, die Excel mitbringt, demnach sind die gängigen Formate wie txt, csv, xlxs ohne Weiteres möglich | Für den Datenimport eines GoBD-Standarddatensatzes wird ein weiteres Tool benötigt, der GoBD-Importer, der zusätzlich erworben werden muss |
| kostengünstige Variante einer Ergänzung von Datenanalysefunktionen und zur Integration in den Prüferalltag | kostenpflichtige Software mit einem Named-User-Lizenzmodell |
| revisionssichere Ablage durch automatische Log-Funktion, die unter anderem Änderungen, Datum, Uhrzeit festhält | |
| einfache Installation und optionale Möglichkeit der Nutzung des Supports | |

### 10.3.3 Microsoft Power Query

Microsoft Power Query gehört zu den sogenannten Microsoft-Self-Service-Business-Intelligence-Produkten. Das Programm eignet sich insbesondere für die Datenanalyse, um große Datenmengen zu verarbeiten, zu verknüpfen, nach vorgegebenen Regelungen zu transformieren und anzupassen und nach erfolgten Handlungen die Ergebnisse in Excel zu laden. Und hier sticht einer der wichtigsten Vorteile hervor. Man kann die Ergebnisse in der altbekannten Umgebung von MS Excel mit den bekannten Werkzeugen weiterverarbeiten, beispielsweise Diagramme erstellen oder weitere Auswertungen anstoßen.

Die Kosten von Microsoft Power Query sind äußerst gering und die Vermutung liegt nahe, dass der Prüfer das Produkt bereits auf seinem Rechner zur Verfügung hat. Seit der Version MS Excel 2010 ist Microsoft Power Query darin als fester Bestandteil integriert.

Unter dem Reiter „Daten“ findet man den Bereich „Daten abrufen und transformieren“, worüber man den Editor von Power Query starten kann.

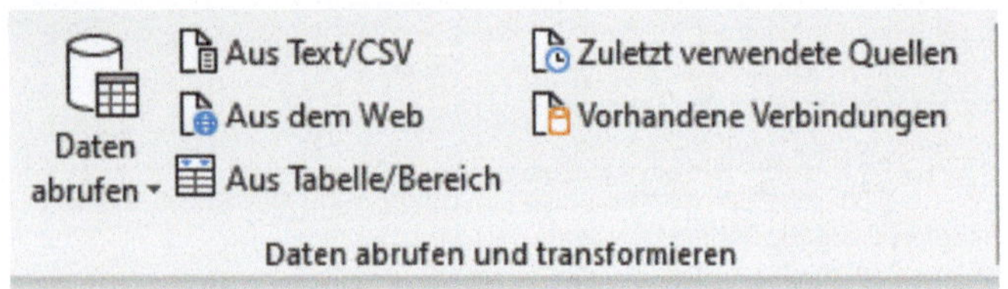


**Abb. 10.2:** Aufruf Microsoft Power Query über MS Excel

Im Editor findet man die Grundfunktionen, die hauptsächlich für die Bearbeitung des Datensatzes benötigt werden, unter den Reitern „Transformieren“ und „Spalte hinzufügen“:

**Abb. 10.3:** Reiter „Transformieren“ in Power Query

und

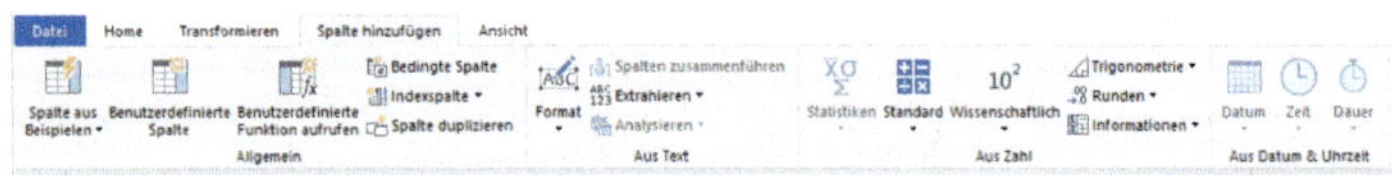


**Abb. 10.4:** Reiter „Spalte hinzufügen“ in Power Query

Ein Zugewinn im Power Query Editor ist, dass jeder Schritt in einer Art Logbuch, also einem Protokoll mit aufgezeichnet wird. Man findet es rechts auf der Seite:

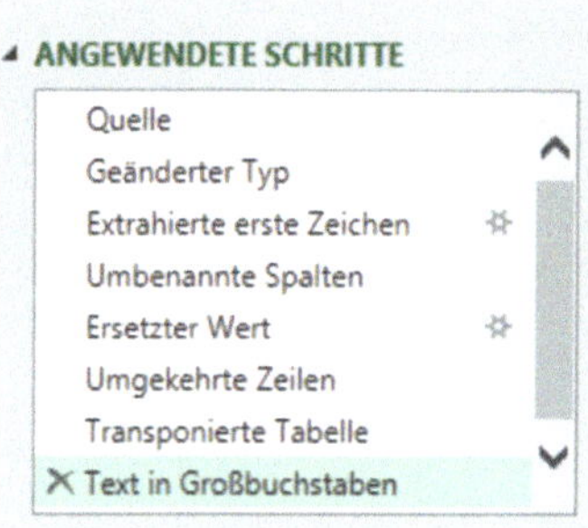


**Abb. 10.5:** Protokollierung Arbeitsschritte in Power Query

So kann der Prüfer jederzeit die einzelnen Prüfschritte nachvollziehen bzw. nach erstmaliger Erfassung in einem automatisierten Fluss die Prüfschritte für weitere Datensätze durchlaufen lassen.

Die Vor- und Nachteile der Anwendung aus unserer Sicht fassen wir wie folgt zusammen:

| Vorteile | Nachteile |
|---|---|
| gehört zum Standard-Microsoft-Office-Paket und steht damit uneingeschränkt zur Verfügung | keine Standardauswertungen für einen Datensatz, wie beispielsweise Feldstatistiken etc. |
| Vielzahl an Funktionalitäten und vordefinierten Transformationsmöglichkeiten ermöglichen Aufbereitung und Analyse von Datensätzen | keine vordefinierten Funktionen wie beispielsweise Benford-Analyse, Schichtung, Mehrfachanalyse, Lückenanalyse verfügbar |
| Rückführung in Excel und Weiterverarbeitung in einem gewohnten Umfeld ist möglich | Einarbeitung und Erlernen der einzelnen Komponenten notwendig |
| sehr große Community und kostenfreies Lehrmaterial im Netz verfügbar | Keine direkte Importmöglichkeit des GoBD-Datensatzes, Import erfolgt über das Einlesen der Einzeltabellen |
| Kompatibilität im Team, Weitergabe von erstellen Templates möglich, da jedem Teammitglied die Anwendung zur Verfügung steht | |
| Protokollierung der einzelnen Transformationsschritte | |
| Einbindung in weitere Produkte des Microsoft-BI-Pakets, beispielsweise PowerBI | |

### 10.3.4 IDEA (audicon)

IDEA ist eine kommerzielle, weitverbreitete Analysesoftware und insbesondere dadurch bekannt geworden, dass die Finanzverwaltung seit etwa 2010 mit IDEA arbeitet und damit Datenanalysen, beispielsweise bei Betriebsprüfungen, durchführt. Viele Abschlussprüfer arbeiten daher gerne mit dem gleichen Werkzeug.

Neben den Programmfunktionen, die elementar durch den Prüfer selbstständig ausgeführt werden können, gibt es in der IDEA-Anwendung auch weitere Add-ins, wo schon viele vordefinierte Prüfungsschritte vordefiniert sind. Die herstellerspezifische Schnittstelle vereinfacht den Datenimport in IDEA immens, da dies einen sehr großen Umfang der gängigen ERP-Systeme bereits integriert.

IDEA zeichnet jeden einzelnen Prüfschritt auf und ist damit ein revisionssicheres Werkzeug für die nachträgliche Dokumentation und Ablage der Prüfergebnisse.

Die Anwendung ermöglicht zudem die Aufzeichnung von Makros über den Makrorekorder bzw. eine visuelle Skripterstellung bzw. das Schreiben von IDEA-Skripten. Dies stellt das Rüstwerkzeug für den geübten Anwender dar, der seine Analysen automatisieren möchte und dadurch einen Effizienzvorteil gewinnt.

In den Auswertungsmöglichkeiten stehen dem Anwender jegliche Türen offen, insbesondere über die Tabellenreiter „Daten" und „Analyse":

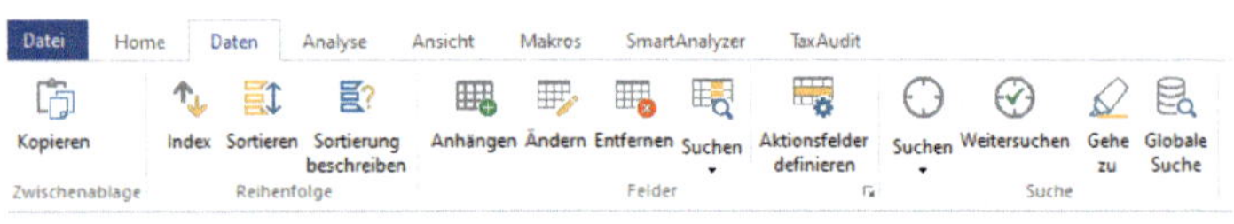


**Abb. 10.6:** IDEA-Reiter „Daten"

**Abb. 10.7:** IDEA-Reiter „Analyse"

Die Vor- und Nachteile der Anwendung aus unserer Sicht fassen wir wie folgt zusammen:

| Vorteile | Nachteile |
|---|---|
| ein voller Werkzeugkasten mit vordefinierten Funktionen, die ohne jegliche Programmierkenntnisse einfach anwendbar sind | kostenpflichtige Software mit einem Named-User-Lizenzmodell |
| vielfältige Abfragen explizit für den prüferischen Alltag, welche neben den Datenanalysefunktionalitäten im engeren Sinne insbesondere auch standardisierte Auswahlmasken für Benford-Analysen und Stichprobenverfahren bereitstellen | im Vergleich hohe Kosten für die Anschaffung und die Wartung |
| der Datenimport ist gewährleistet, insbesondere auch für die herstellspezifischen Schnittstellen der gängigen ERP-Systeme des GoBD-Datensatzes | Schulungen zur Anwendung notwendig, intuitive Analysen zunächst schwierig |
| revisionssichere Ablage durch automatische Log-Funktion, die unter anderem Änderungen, Datum, Uhrzeit festhält | Community relativ klein |
| einfache Installation und Möglichkeit der Nutzung des technischen Supports | Weitergabe von Analysen erfordert Extraktion oder ebenfalls kostenpflichtige IDEA-Lizenz |
| Möglichkeit der Automatisierung der Prüfschritte durch Aufzeichnung von Makros bzw. Schreiben von Skripten | |
| Erweiterung von Apps mit verfügbaren, für die Jahresabschlussprüfung definierten Prüfschritten wie JET, Umsatzsteuer, Personal etc. | |

### 10.3.5 ACL Analytics

ACL Analytics war vor allem Anfang bis Mitte der 90er Jahre *die* Analysesoftware schlechthin. Vor allem in Deutschland hat sie jedoch durch die Entscheidung der Deutschen Finanzverwaltung für den exklusiven Einsatz von IDEA erheblich an Bedeutung verloren. Außerhalb Deutschlands, vor allem im angelsächsischen Raum, ist die Software jedoch stark verbreitet und fokussierte sich in der Entwicklung schon früh auf die vernetzte Analyse von Datenmengen unter Compliance- und Risikomanagementaspekten. Anwender betonen als Vorzüge der aktuellsten Version, dass diese eine gute Anbindung an Cloudsysteme besitzt. Zudem wird das vernetzte Arbeiten gelobt. Die Software scheint insgesamt eher intuitiv bedienbar, da sie sich stark an den gewohnte Office-Menüs orientiert. Das Arbeiten selbst erinnert an die aus MS Access bekannte Tabellenstruktur.

Vor- und Nachteile der Anwendung aus Sicht der Autoren:

| Vorteile | Nachteile |
|---|---|
| vergleichsweise geringe Anschaffungskosten | im Vergleich höhere jährliche Kosten für Updates und Wartung |
| gibt alle gängigen Formate aus (MS und Apple) | Einarbeitung und Erlernen der einzelnen Komponenten wird mitunter von ungeübten IT-Nutzern als schwierig empfunden |
| im Quervergleich auch bei größeren Datenmengen hohe Arbeitsgeschwindigkeiten | Bearbeitung fokussiert sich stets auf die aktuell geöffnete Tabelle |
| Serverfähig | |
| Optik orientiert sich an der bekannten MS-Office-Oberfläche. Dadurch nach kurzer Einarbeitung intuitives Arbeiten möglich | |

### 10.3.6 ACL Comfort

Datev-Anwender, die die Datev-Prüfsoftware nutzen, verfügen über eine „abgespeckte“ Version von ACL, die serienmäßig integriert ist: ACL Comfort. Dieses integrierte Analysetool liefert sowohl für einfache Auswertungen wie auch für bestimmte Prüfungshandlungen, wie das Ermitteln von Stichproben, statistisch validierte Ansätze.

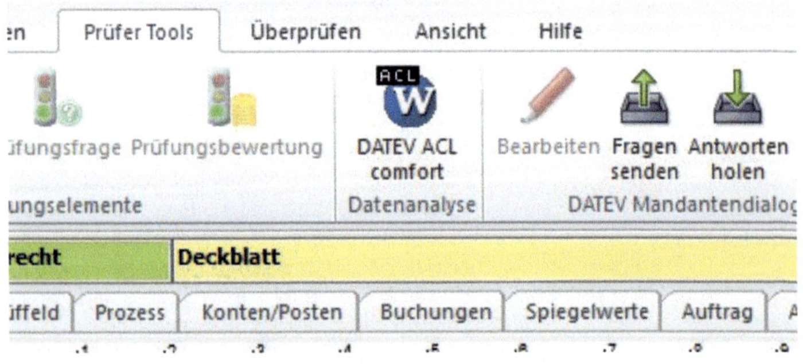


Abb. 10.8: ACL Comfort – Datev

Die Bedienung orientiert sich dabei an der APcomfort-Funktionalität. Anwender heben die prüffeldbezogenen Auswertungsroutinen in Anlehnung an die GoBD-Daten besonders hervor. Die Verarbeitung erfolgt über eine Art Menüführung:

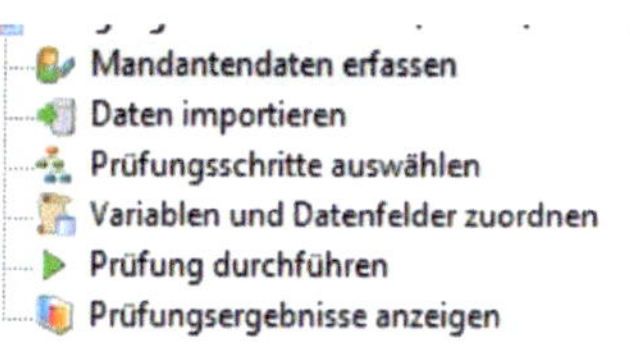


**Abb. 10.9:** Menüführung ACL Comfort – Datev

In Ergänzung der Vor- und Nachteile, die bereits bei ACL Analytics aufgezeigt wurden, heben wir für ACL Comfort – Datev folgende Aspekte hervor

| **Vorteile** | **Nachteile** |
|---|---|
| direkt in Datev APcomfort integriert und mit dem Prüfprogramm interaktiv verlinkt; orientiert sich an prozessorientierter Abschlussprüfung | keine vollwertige Analysesoftware |
| intuitive Menüführung; vielfach durch Drop-down-Menüs | Auswertungen beschränken sich auf die Vorgaben des Programmes |
| enthält eine Vielzahl vorgefertigter Auswertungen, die viele Aspekte der Abschlussprüfung abdecken | |
| Ergebnisse auch außerhalb APcomfort exportierbar | |

# 11 Datenvisualisierung

Wie wir in den vorangegangenen Kapiteln aufgezeigt haben, besteht eine Datenanalyse nicht nur aus der Analyse von einzelnen Datenmengen, sondern hat erst dann einen erheblichen Mehrgewinn, wenn entweder verschiedene Datenmengen miteinander verknüpft oder aus einer Datenmenge zeitgleich verschiedene Daten miteinander in einen Bezug gebracht und visualisiert dargestellt werden. Gerade Letzteres ist in der Praxis eine große Herausforderung. In diesem Kapitel wird daher versucht, die formalen Anforderungen zur Darstellung von Analyseergebnissen einerseits und einfache technische Lösungsmöglichkeiten andererseits zu vermitteln.

## 11.1 (Ausblick) Berufsständische Verlautbarungen

Die berufsständischen Anforderungen des IDW für Wirtschaftsprüfer sehen zwar den Einsatz von Datenanalysen im Rahmen der Abschlussprüfung vor, liefern jedoch keine konkreten Hinweise, wie die Ergebnisse in interpretierbarer Form vorliegen müssen, um verwertbar zu sein, und geben auch nicht vor, wie sie im zweiten Schritt in den Arbeitspapieren zu dokumentieren und zu archivieren sind. Wichtig ist allein, dass das Vorgehen des Prüfers für einen Dritten nachvollziehbar sein muss. Insoweit genießt der Wirtschaftsprüfer große Freiheit, muss jedoch zugleich darauf achten, seine Prüfschritte recht genau zu dokumentieren.

Hilfe verspricht diesbezüglich ein Blick in die ISA, die in naher Zukunft auch Eingang in die IDW Prüfungsstandards finden werden.

Die zentrale Norm dürfte dabei die Neufassung des ISA 500 („Prüfungsnachweise") sein. Dieser befindet sich (Stand zweite Jahreshälfte 2021) noch in der Überarbeitung, wird jedoch zum Jahreswechsel als Exposure Draft erwartet. Die aktuellen Entwürfe zeigen eine große Nähe zum ISA (UK) 500 (ebenfalls „Prüfungsnachweise"), lehnen sich jedoch gerade in Bezug auf die Auswertung technischer Analysen stark an den AICPA Standard „Audit Evidence" (ebenso Prüfungsstandards) an, der als Erster versucht, Datenanalysen im Kontext der Abschlussprüfung zu beschrieben und in diesem Zusammenhang die Visualisierung von Daten auch als explizite Prüfungshandlung vorsieht, indem er die „[*audit data analytics"* ausdrücklich als *„related to subject matter of an audit through analysis, modelling or visualization"* beschreibt.

Für die Zukunft dürfte somit die Visualisierung von Daten ein formales und direktes Prüfungsergebnis darstellen.

Bereits heute finden sich in den ISA konkrete Beispiele für die Visualisierungsmöglichkeiten von Datenanalysen. Beispielhaft sei hier ISA 315 (für den es noch kein ISA-DE gibt) erwähnt. Darin heißt es: *„The auditor may use a spreadsheet to perform a comparison of actual recorded amounts to budgeted amounts, or may perform a more advanced procedure by extracting data from the entity's information system, and further analyzing this data using visualization techniques to identify classes of transactions, account balances or disclosures for which further specific risk assessment procedures may be warranted."*

Zusammenfassend lässt sich festhalten, dass die Datenanalyse selbst sich vom Hilfsmittel des Abschlussprüfers hin zu einer eigenen Prüfungshandlung entwickelt und die Visualisierung von Prüfungshandlungen, also die Visualisierung von Ergebnissen der Datenanalysen, in diesem Kontext in Zukunft erheblich an Bedeutung gewinnen wird.

## 11.2 Datenvisualisierung im Prüfungsverlauf

Die heutige Berufspraxis versteht die Visualisierung von Datenanalysen eher als unterstützende Funktion. Dementsprechend wird die Visualisierung meist vernachlässigt. Tatsächlich helfen Visualisierungen jedoch, Problemstellungen und Analyseergebnisse schnell zu transportieren. Basierend auf der Cognitive-Fit-Theorie wurde nachgewiesen, dass der Empfänger den Zusammenhang zwischen Ergebnisdarstellung und originärer Aufgabenstellung bei einer einfachen Visualisierung stets besser erkennt als bei einer wortreichen Beschreibung. Es ist jedoch dem Empfängerhorizont entsprechend zu differenzieren.

### 11.2.1 Visualisierungen als Unterstützung der Kommunikation im Prüfungsteam

Innerhalb des Prüfungsteams kann für Visualisierungen davon ausgegangen werden, dass alle an der Prüfung beteiligten Personen das notwendige Grundverständnis haben.

**Beispiel**

Im Prüfungsteam soll die Problematik von Gängigkeitsabschlägen diskutiert werden. Sowohl die Begrifflichkeiten als auch die gesetzlichen Anforderungen sind allen an der Prüfung Beteiligten grundsätzlich bekannt, ebenso wie das Vorgehen bei einer Analyse des Datenbestandes. Fragen bestehen i.d.R. lediglich zur Systematisierung der Datenmenge.

| artnr | (Alle) | | |
|---|---|---|---|
| | | | |
| **Zeilenbeschriftungen** | **Summe von wert** | | |
| 1900 | 258.283,55 | 80,00% | 206.626,84 |
| 2016 | 254.991,70 | 50,00% | 127.495,85 |
| 2017 | 355.792,85 | 20,00% | 71.158,57 |
| 2018 | 964.229,87 | | |
| 2019 | 6.214.146,11 | | |
| **Gesamtergebnis** | **8.047.444,08** | | |
| | Summe: | | 405.281,26 |

**Abb. 11.1:** Tabellarische Visualisierung eines einfachen Datenextraktes ohne weitere Erläuterungen

Die Unzulänglichkeiten des Datenmaterials in dieser Tabelle sind offenkundig. Warum steht hier das Jahr 1900 als Datum (Erläuterung: in diesem Fall ein Fehler bei einer Datenmigration)? Sind es wirklich nur drei bzw. vier Jahre (gleiche Erklärung wie zuvor)? Woraus ergeben sich die Prozentwerte? Was sind die Bestände, was Abschläge usw.?

Für eine Diskussion im Team kann dennoch sofort in die Ergebnisanalyse eingestiegen werden, da die „offenkundigen“ Schwachstellen dort bekannt sind. Für eine Diskussion im Team genügen hier eine Tabelle und die Information zu den bisher buchhalterisch erfassten Gängigkeitsabschlägen. Alle Beteiligten kennen die Problematik und können gleich mit der Ergebnisbesprechung beginnen.

**Hinweis:**

Bei der Dokumentation der Prüfungsergebnisse, die auch Datenvisualisierungen beinhalten, sollte jedoch stets darauf geachtet werden, dass die Dokumentation gleichermaßen von einem sachverständigen Dritten interpretiert werden könnte. Es ist daher hilfreich, die Prüfungsergebnisse der Visualisierung auch als kurze Beschreibung beizufügen.

### 11.2.2 Visualisierungen in der Kommunikation mit dem Mandanten

Auf Mandantenseite wiederum ist je nach Ansprechpartner ein wenig ausgeprägtes bis gar kein Verständnis des Prüfungsvorgehens und der Ergebnisanalyse vorhanden. Dementsprechend muss nach der Cognitive-Fit-Theorie zunächst diese Lücke geschlossen werden. Dies kann beispielsweise durch Hinzufügen von Informationen erfolgen.

**Beispiel**

Basierend auf dem vorangehenden Beispiel wäre es denkbar, zunächst kurz verbale Erläuterungen zu der Frage, welche Daten woher extrahiert und ausgewertet wurden, zu formulieren. Zudem ist es sicher förderlich, den kritischen Bereich hervorzuheben. Ebenso muss eine Zusammenstellung wesentlicher Kennzahlen und mindestens ein Zwei-Jahres-Vergleich erfolgen. Nachfolgend noch einmal die Tabelle bzw. Datenauswertung von oben, jedoch ergänzt um eine entsprechende Auswertung, die der Abschlussprüfer aus den Vorjahresunterlagen entnommen hat, ergänzt um einige Kennzahlen sowie weitere Informationen aus dem Jahresabschluss, insbesondere die erfassten Wertberichtigungen.

| Zugang in | Wert 2018 | Wert 2019 | Veränderung |
|---|---|---|---|
| vor 2016 | 427.080,97 | 258.283,55 | -168.797,42 |
| 2016 | 545.901,33 | 254.991,70 | -290.909,63 |
| 2017 | 809.604,15 | 355.792,85 | -453.811,30 |
| 2018 | 4.512.407,16 | 964.229,87 | -3.548.177,29 |
| 2019 | | 6.214.146,11 | |
| | **6.294.993,61** | **8.047.444,08** | |

| | | |
|---|---|---|
| Wertberichtigung | 336.000,00 | 405.281,26 |
| Anteil am Bruttowert in % | 5,3 | 5,0 |
| Anteil älter 3 Jahre | 427.080,97 | 513.275,25 |
| Anteil älter 3 Jahre in % | 6,8 | 6,4 |

**Abb. 11.2:** Aufbereitung eines Datenextraktes für Diskussionszwecke

## 11.3 Visualisierungstechniken

Zur Visualisierung von Ergebnissen bedient sich die Datenanalyse Erkenntnissen aus der Marketingforschung und kennt drei Grundtypen der Visualisierung: die Grafik, das Diagramm und die Tabelle.

### 11.3.1 Standardlösungen

Bereits vielfach genutzt werden Diagrammlösungen oder stark komprimierte Tabellen. Diese haben jedoch den Nachteil, dass sie nur eine Information darstellen können und kaum Interaktion ermöglichen. Einige der Lösungen werden weiter unten genauer untersucht, insbesondere im Hinblick darauf, wie der Informationsgewinn und die Aussagekraft verbessert werden können.

### 11.3.2 Dashboardlösungen

Zunehmender Beliebtheit erfreuen sich (interaktive) Dashboardlösungen. Dabei werden einerseits verschiedene Analysen, z.B. Umsatzerlöse und Forderungen, dargestellt, andererseits sind diese Auswertungen vielfach insoweit interaktiv, als der Interpretierende die Datenmenge oder Teile der Auswertung skalieren, also beispielsweise nur Kunden mit Forderungen, die größer als 0,5 Mio. € sind, anzeigen lassen kann. Dann beschränken sich Visualisierungen der Umsatzerlöse auf genau diese Kunden.

Der große Vorteil der Dashboardlösungen liegt u.a. darin, dass sie vergleichsweise einfach mit zusätzlichen Daten „beladen“ und dadurch schnell aktualisiert werden können. Vereinfacht gesprochen: Das Dashboard selbst ist eine Art Maske, die die Daten stets in gleicher Form ausgibt. Der Nachteil ist im Gegenzug, dass die Datenstruktur stets identisch sein muss. Ebenso müssen die Daten vor dem Upload in das Dashboard validiert werden.

Dashboardlösungen bieten sich vor allem dann an, wenn Daten zunächst noch auf Anomalien untersucht werden sollen und hierzu viele Kennzahlen einander gegenübergestellt werden müssen. Theoretisch können beliebig viele Informationen auf dem Dashboard dargestellt werden. Erfahrungsgemäß ist das Verarbeitungslimit des Anwenders erreicht, wenn die Informationen sich nicht mehr auf einer Bildschirmseite darstellen lassen.

In jüngster Zeit lassen sich Dashboardlösungen auch bei der Simulation von Planungsrechnungen beobachten.

**Beispiel**
So kann beispielsweise ein durchschnittliches Zahlungsziel anhand von Ist-Daten der Vergangenheit sehr gut aus den Buchhaltungsdaten ausgewertet werden und liefert einen Ist-Wert. Nun kann durch eine interaktive Schaltfläche der „Regler“ so verschoben werden, dass er die Auswirkungen auf die Kennzahl simuliert, wenn Mahnverhalten oder Zahlungszielverhalten verändert werden.

## 11.4 Best Practices der Datenvisualisierung

Mit den aktuellen Business Intelligence Tools ist die Datenvisualisierung ein gängiges Mittel im Arbeitsalltag geworden. Es sind nicht mehr aufwändige Grafikarbeiten und komplizierte Erstellungen von Diagrammen notwendig. Vielmehr sind mit Programmen wie Power BI, Qlik oder Tableau binnen weniger Klicks grafische Aufbereitungen in ausgeprägter Qualität und Präzision möglich, welche die Prüfergebnisse veranschaulichen und dadurch dem Adressaten die Interpretation der Informationen erleichtern.

Essenziell für die Veranschaulichung und Präsentation ist die richtige Wahl der Diagrammart, die abhängig davon ist, was genau dargestellt werden soll und welche Daten die Grundlage für die Veranschaulichung bilden.

Dabei ist es wichtig, die Unterscheidung zu treffen, ob es sich um qualitative oder quantitative Daten handelt, die zur Interpretation aufbereitet werden sollen. Zudem sind die einzelnen Diagrammarten zu unterscheiden: Soll beispielsweise ein Zeitverlauf bzw. der Vergleich von mehreren Zeitreihen dargestellt werden oder soll es lediglich um die Veranschaulichung der Zusammensetzung eines Postens gehen? Oftmals werden auch Beziehungen zwischen Daten durch Visualisierungen zum Ausdruck gebracht.

An dieser Stelle möchten wir dem Leser zum weiteren Studium die aus unserer Sicht wichtigsten Diagrammarten nennen, die in der Praxis zur Anwendung kommen:

- Säulendiagramm
- Balkendiagramm
- Kurvendiagramm
- Wasserfalldiagramm
- Flächendiagramm
- Kreisdiagramm (auch Kuchen- oder Tortendiagramm)
- Netzdiagramm
- Portfoliodiagramm
- Streudiagramm
- Blasendiagramm
- Kacheldiagramm

Aber auch bei der Datenvisualisierung gibt es viele Stolpersteine, die zu einer Fehlinterpretation der Ergebnisse führen können bzw. nicht zu einer zielgerichteten Übermittlung der gewünschten Ergebnisse führen.

Wir möchten in den nächsten Teilkapiteln auf mögliche Missgriffe bei der Aufbereitung von Datenvisualisierungen hinweisen, die aus unserer Sicht verhindert werden sollten. Um die Einprägsamkeit der Beispiele zu erhöhen, haben wir bewusst besonders anschauliche Beispiele gewählt.

### 11.4.1 Achsenbeschriftung und Skalierung

Zur Veranschaulichung haben wir einen Datensatz einmal „nackt“ dargestellt, ohne weitere Informationen, sondern ausschließlich in der Visualisierung. Man erkennt sehr schnell, dass der Aussagegehalt geradezu gegen null geht. Was wir sehen, sind einzelne Säulen, die sich nicht ohne Weiteres zu einem Sachverhalt bzw. zur ursprünglichen Datenmenge in Beziehung setzen lassen.

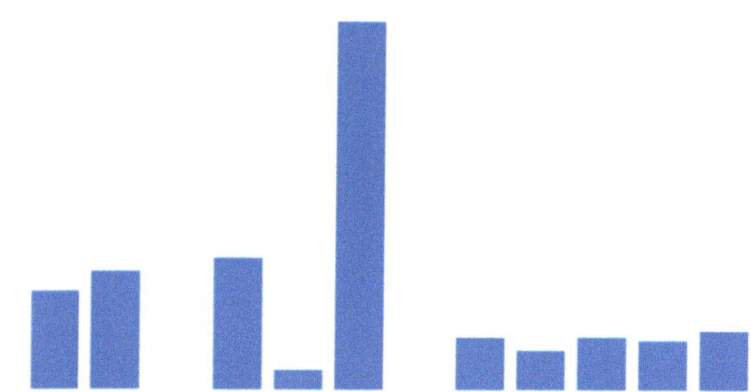

**Abb. 11.3:** Diagramm ohne Titel, Achsenbeschriftung und Skalierung

Für jede Datenvisualisierung sind folgende Mindestbestandteile aus unserer Sicht erforderlich:

- Titel, der Auskunft über den Zweck der Visualisierung gibt,
- Achsenbeschriftung sowohl der Ordinate als auch der Abszisse, die Auskunft über den Zusammenhang der verwendeten Größen bzw. Daten gibt, sowie die maßgebliche Einheit für diese Größe,
- Datenbeschriftung, da es manchmal schwer erkennbar ist, wo genau die Säule auf der Achse endet, bzw. die Achsenskalierung manchmal nicht granular genug ist, um den Wert der Säule direkt abzulesen; daher empfiehlt es sich, eine Datenbeschriftung einzufügen, die jeder Säule ihren konkreten Datenwert zuordnet,
- Legende (bei mehreren Datenreihen), die jeder Datenreihe auch ihre Datenmenge zuordenbar macht.

### 11.4.2 Falsche Skalierung

Unter anderem wichtig für die Interpretation ist die Skalierung; bei Säulendiagrammen ist es darüber hinaus wichtig, dass diese nicht ab einer gewissen Höhe „abgeschnitten“ werden. Im folgenden Beispiel wird erneut der gleiche Datensatz dargestellt. Der einzige Unterschied besteht in der Skalierung der Ordinate (y-Achse): Im linken Beispiel beginnt diese bei einem Wert von 0, im rechten setzt sie den niedrigsten Wert bei 3.000 an.

Betrachtet man das Beispiel, sieht man auf den ersten Blick, dass dadurch beispielsweise der Wert für Monat fünf (also Mai) im Säulendiagramm gar nicht mehr sichtbar ist: Obwohl hier der Umsatzwert bei

3.000 liegt, neigt man direkt dazu, ihn wie die Monate drei und sieben einzuordnen, bei denen gar keine Werte hinterlegt sind.

Durch die falsche Skalierung gehen damit Werte verloren.

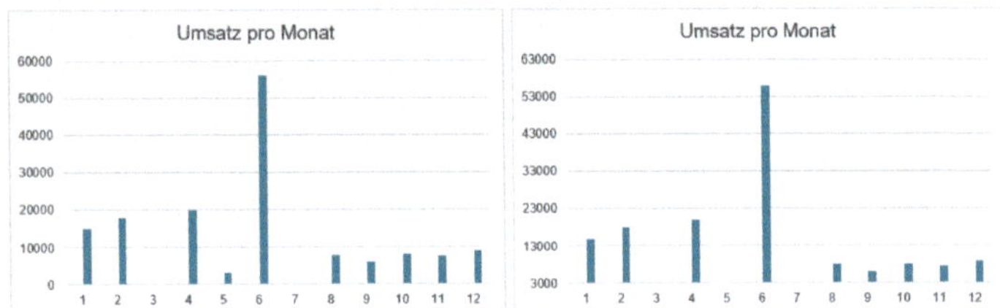


**Abb. 11.4:** Falsche Skalierung bei identischen Datensätzen

**Hinweis:**
Eine weitere Schwierigkeit, die sich bei der Visualisierung von Säulendiagrammen mit „abgeschnitten" Säulenwerten ergibt, ist, dass die Länge der Balken an Aussagekraft mangelt. Hierzu ein Beispiel mit den identischen beiden Säulenwerten 1000 und 2000 bei unterschiedlichen Skalierungen:

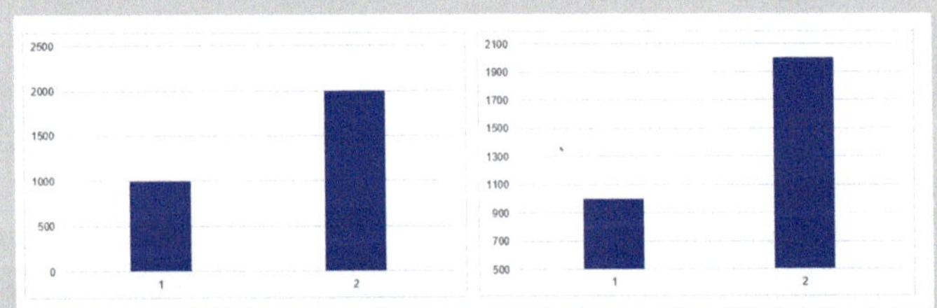


**Abb. 11.5:** Säulendiagramm bei unterschiedlicher Skalierung

Der Interpret erwartet, dass die Säule, welche die 1000 visualisiert, halb so groß ist wie die Säule, welche die 2000 visualisiert. In unserem Fallbeispiel ist im rechten Bild jedoch die Möglichkeit zur Fehlinterpretation gegeben, denn ohne Blick auf die Skalierung würde man nur wahrnehmen, dass die zweite Säule etwa dreimal so hoch ist wie die erste. Im Vergleich zur linken Darstellung wird hier die erste Säule zu klein dargestellt und die zweite Säule zu groß. Zur optischen Fehlinterpretation tragen dabei sowohl die abgeschnittene, bei 500 ansetzende Skalierung als auch deren Kleinteiligkeit bei.

### 11.4.3 Informationsvolumen

Das Ziel ist es, dem Adressaten die Ergebnisse unmittelbar zu veranschaulichen und ihm dadurch einen erleichterten Einblick zu bieten. Die Ergebnisse sollten möglichst klar und eindeutig sein. Es gilt auch hier das Sprichwort „Weniger ist mehr“, denn die Verlockung, sämtliche Daten und Ergebnisse darzustellen, um ein vollumfängliches Bild zu zeichnen, führt oftmals in die dem Ziel entgegengesetzte Richtung. Eine Informationsüberflutung kann im Extremfall sogar dazu führen, dass überhaupt keine belastbare Aussage über das Ergebnis getroffen, geschweige denn die Intention einer Visualisierung verstanden werden kann.

Es sei daher jedem Ersteller von Grafiken, Diagrammen und Tabellen geraten, sich genügend Zeit für deren Design zu nehmen und genau zu reflektieren, was die Kernaussagen der Visualisierungen sind und was dem Adressaten vermittelt werden soll.

Um es mit Antoine de Saint-Exupéry zu sagen: „Perfektion ist nicht dann erreicht, wenn man nichts mehr hinzufügen, sondern wenn man nichts mehr weglassen kann.“

**Abb. 11.6:** Kacheldiagramm mit zu hohem Informationsvolumen

### 11.4.4 Charts in 3D

Kreisdiagramme, auch Kuchendiagramme genannt, sind eine schöne Form, um eine prozentuale Verteilung bzw. Teilwerte eines Ganzen darzustellen. Das 3D-Format gibt dem Bild Fülle und lässt es im Vergleich zu der zweidimensionalen Darstellung edler und vollwertiger aussehen. Das Kippen des Kreisdiagrammes führt jedoch zu einer Verzerrung der Anteile.

Das in der folgenden Abbildung dargestellte Beispiel stammt aus einer Präsentation von Steve Jobs, der mit einem Kuchendiagramm die Marktanteile der einzelnen Hersteller von Smartphones darstellte.

In der linken Abbildung ist das Kuchendiagramm abgebildet, wie es in der Präsentation dem Publikum auf einer großen Leinwand präsentiert wurde. Die Verzerrung führt dazu, dass die 19,5 % den Eindruck erwecken, einen viel größeren Anteil zu repräsentieren als die 21,2 %, die in Grau dargestellt sind.

Zum Vergleich rechts die zweidimensionale Version des Kreisdiagramms.

Es wird Sie bestimmt nicht verwundern, dass die 19,5 % in der Präsentation von Steve Jobs die Marktanteile von Apple-Smartphones darstellten.

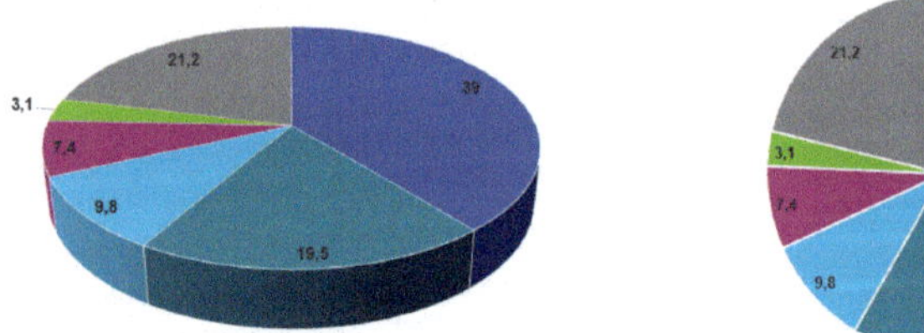


**Abb. 11.7:** Fehlinterpretation durch gekipptes 3D-Kreisdiagramm

### 11.4.5 Fehlende Daten

Es kann vorkommen, dass Dashboards erstellt und darin in einer periodischen Regelmäßigkeit nur die Datenreihen ausgetauscht werden. Oftmals kann es dabei dazu kommen, dass Daten fehlen. Auch dies kann durch eine angemessene Art der Visualisierung verhindert werden. Das angefügte Beispiel zeigt den gleichen Datensatz einmal als Liniendiagramm und einmal als Säulendiagramm. Es handelt sich jeweils um die Umsätze, die über die Monate Januar (1) bis Dezember (12) abgetragen worden sind.

Betrachtet man zunächst das Liniendiagramm, treten die hohen Schwankungen in den Fokus. Im Säulendiagramm hingegen fällt direkt ins Auge, dass für die Monate März und Juli keine Werte hinterlegt sind, was entweder auf einen Umsatz von null für diese beiden Monate hindeutet oder auf fehlende Daten zurückzuführen sein könnte.

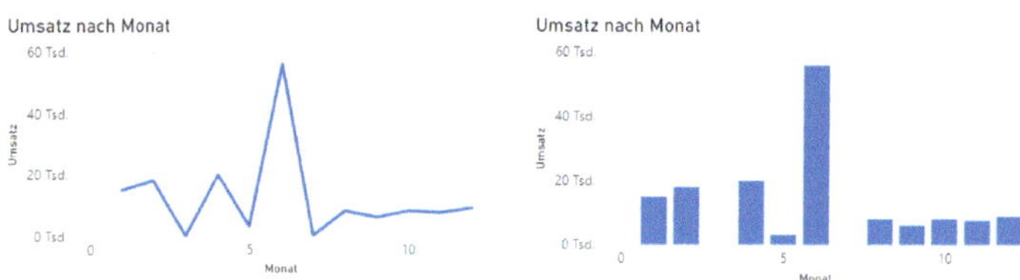


**Abb. 11.8:** Sichtbarkeit bei fehlenden Datenbeständen

### 11.4.6 Farbkontraste

Wie oben erwähnt spielt der visuelle Aspekt eine wichtige Rolle und damit einhergehend auch die Farbgebung in den einzelnen Visualisierungen. Interessant ist hier, dass die Farbgebung auch unbewusst einen Einfluss auf die Interpretation der Ergebnisse hat bzw. bewusst so eingesetzt werden kann, dass beispielsweise positive Aspekte oder negative Aspekte hervorstechen.

Ebenso helfen Farben dem Interpreten, die Datenreihen bzw. die unterschiedlichen Datenmengen schneller zu interpretieren, vorausgesetzt, die Menge der eingesetzten Farben und Kontraste verwirrt den Leser – anders als im folgenden Negativ-Beispiel – nicht.

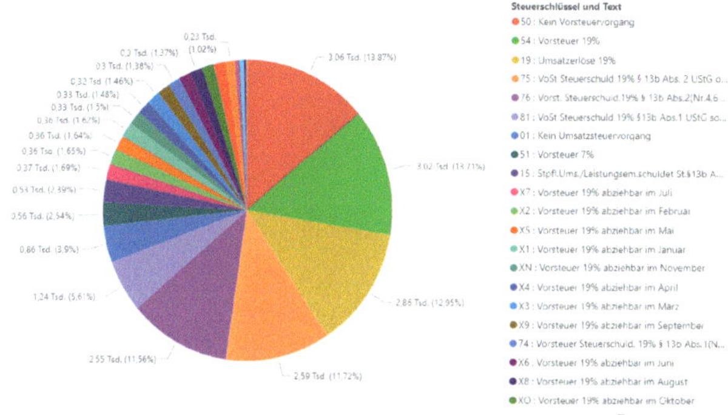


**Abb. 11.9:** Kreisdiagramm mit zu vielen Farbkontrasten

Zu viele Farben und Informationen machen die Darstellung unübersichtlich und verzerren das Ergebnis, anstatt zu einer verbesserten Interpretierbarkeit beizutragen.

**Praxistipp:**
In der Praxis empfiehlt es sich daher, die Anzahl der Farben in den Datenvisualisierungen zu reduzieren, u.E. auf maximal fünf. Man sollte zudem die Farben so einsetzen, dass sie dem Adressaten auch intuitiv zur richtigen Interpretation verhelfen, d.h. beispielsweise Gewinne mit einer grünen Farbe hinterlegen und Verluste beispielsweise in Rot.

Es empfiehlt sich ebenso, falls die Datenvisualisierung auf Datenreihen basiert und diese wiederholt in den Dashboards oder Präsentationen vorkommen, die jeweilige Farbe pro Datenreihe beizubehalten. Dies ermöglicht dem Adressaten durch den Wiedererkennungseffekt, die Datenreihe und deren Ergebnisse besser miteinander zu verknüpfen. Dagegen würde eine Vertauschung der Farben von Datenreihe zu Datenreihe schnell zu Fehlinterpretationen verleiten können.

### 11.4.7 Adressatengerechte Ergebnispräsentation

Eine adressatengerechte Ergebnispräsentation sollte unabhängig von der zugrunde liegenden Aufgabenstellung stets im Fokus liegen, insbesondere bei der Datenanalyse kommt ihr jedoch ein besonderes Maß an Bedeutung zu.

Berücksichtigen Sie daher zum einen, inwieweit der Adressat der Analyse die Datengrundgesamtheit einzuordnen weiß, und zum anderen auch, welche Fähigkeiten in Bezug auf die Analyse er mitbringt.

**Beispiel**

Im Rahmen der Besprechung des Jahresabschlusses wird mit dem Finanzvorstand einer Aktiengesellschaft die Altersstruktur der Forderungen besprochen. Es wird herausgearbeitet, dass 20 % der Forderungen überfällig, von diesen jedoch 90 % besichert sind und davon wiederum 75 % einen Selbstbehalt von 5 % haben. Dem Finanzvorstand wird diese Zahl monatlich berichtet.

Durch die Verschachtelung (davon, davon, davon …) ist ein anderer Interpret der Information jedoch möglicherweise verwirrt und kann ggf. nur mühsam folgen. Verwendet man die Unterlage also beispielsweise in der Besprechung mit dem Aufsichtsrat, wird sie zu Unverständnis und Fragen führen. Für diesen Zweck muss komprimiert werden: Die finale absolute Zahl dürfte dabei genügen, ergänzt um einen Kommentar zur Veränderung.

# 12 Best Practices der Datenanalyse inklusive „Dos and Don’ts“

Aus unserer gemeinsamen Praxiserfahrung möchten wir dem Leser natürlich nicht unsere Best Practices der Datenanalyse vorenthalten. Daher eine kurze Zusammenstellung aus unserer Sicht über die Dos and Don‘ts:

- Planen Sie Ihre Datenanalysen und planen Sie insbesondere ein genügend großes Zeitfenster dafür ein.
- Definieren Sie Ihre Fragestellung so detailliert wie möglich.
- Wenn Sie die Möglichkeit haben, den Datenabzug selbst durchzuführen, dann ziehen Sie das vor.
- Wählen Sie die minimal mögliche Datenmenge, die für die Anforderungen Ihrer Fragestellungen erforderlich ist.
- Beginnen Sie mit der Datenanalyse anhand einfacher Beispiele und tasten Sie sich insbesondere bei den einzelnen Analysetools vor.
- Verstehen Sie die Datenanalyse nicht als notwendiges Übel, sondern als echte Erleichterung und Gewinn an Prüfungsqualität und Effizienz.
- Versuchen Sie nicht „auf Krampf“, alles zu analysieren, was geht. Setzen Sie die Analyse nur dann ein, wenn sie sinnvoll ist.
- Nutzen Sie die Datenanalyse auch zur Validierung der Ergebnisse der Prüfung des internen Kontrollsystems.
- Sie müssen die Grunddaten (also den Datenabzug) nicht stets vollständig ablegen. Je nach Menge nimmt das sehr schnell erheblichen Speicherplatz in Anspruch. Meistens genügt es, nach Abschluss der Auswertungen nur die Paramater des Datenabzugs zu archivieren.
- Validieren Sie die Daten auf Richtigkeit und Vollständigkeit. Sie müssen ggfs. in der Lage sein, auch Ihrem Mandanten zu erklären, was Sie wie und warum ausgewertet haben (siehe daher oben: „Definieren Sie die Fragestellung“).
- Datenfelder mit scheinbar fehlerhaften Daten sollten nicht gelöscht werden. Sie verbleiben in der Datenmenge; ggfs. werden sie zu einem späteren Zeitpunkt noch benötigt.
- Akzeptieren Sie das Ergebnis der Analyse nicht „blind“. Auch hier gilt das Vier-Augen-Prinzip.
- Kaufen Sie nicht „auf gut Glück“ eine teure Analysesoftware, sondern fragen Sie sich, was Sie analysieren wollen.

- Verdeutlichen Sie dem Mandanten, weshalb sie den Datensatz benötigen und wo sein Mehrwert liegt. Es bietet sich beispielsweise an, vorzuschlagen, den GoBD-(ehemals GDPdU-) Datensatz „nebenbei" auf Validität und Lesbarkeit zu überprüfen. Diese Prüfung müssen Sie ohnehin durchführen.

# 13 Ausblick Datenanalysen im Berufsstand

Trotz der Datenexplosion, mit der wir uns konfrontiert sehen, und auch der erweiterten Möglichkeiten der Datenauswertung, schreitet im Bereich der Wirtschaftsprüfung, insbesondere im Mittelstand, der transformierende Wandel nur beschwerlich voran. Ein entscheidender Faktor ist es, den Abschlussprüfer in seiner Art, Daten zu bewerten, auf eine neue Stufe zu heben, in der ein datenorientierter Prüfungsansatz sich in den Prüfungsalltag integriert und die notwendigen Voraussetzungen schafft, dass der Abschlussprüfer selbst mit seinen vorhandenen Bordmitteln seine Datenkompetenz verwirklicht und in Informationen für sein Prüfungsurteil verwandeln kann.

Der Reifegrad der künftigen Technik wird es dem Abschlussprüfer in dem schnellen Wandel der digitalen Transformation erlauben, bezüglich der Auswertung von strukturierten und unstrukturierten Datenmengen sowie der Anwendung weiterer intelligenter Algorithmen und Verknüpfungen neue Möglichkeiten zu nutzen, Anomalien zu erkennen und die Prüfungsqualität hinsichtlich der Datenkonsistenz und Datenvalidität zu heben. Hier ist es insbesondere für den Mittelstand wichtig, den Anschluss nicht zu verpassen, um zukunftsfähig und konkurrenzfähig aufgestellt zu sein und nicht Opfer des disruptiven Wandels zu werden. Dies erfordert neben einer Erweiterung der kanzleiinternen Kompetenzen auch die Nutzung neuer Technologien in Bezug auf die Datenerfassung, Datenauswertung und die Verdichtung, die einen Informationsgewinn mit sich führen. Neben der reinen Datenanalytik wird der Fokus auch auf die technologischen Fähigkeiten in Bezug auf die IT, den Datenfluss innerhalb der Software sowie die Datenextraktion und Datenbeschaffung gelegt werden müssen.

Je mehr Unternehmen ihre wachsenden Datenmengen (strukturiert und unstrukturiert), die sich beispielsweise aus dem Massengeschäft ergeben bzw. aus neuen Trends wie Sensorik oder IoT, in Datenplattformen bzw. „Data Lakes“ unterbringen und unter Einsatz von künstlicher Intelligenz bzw. maschinellem Lernen auswertbar machen, desto wichtiger ist es auch für den Abschlussprüfer, mit dieser Entwicklung Schritt zu halten, um sich zu befähigen, das Geschäftsmodell bzw. den Datenfluss von der Quelle bis zur Buchführung nachvollziehen und bewerten zu können, um schließlich ein Prüfungsurteil zu generieren.

Datenanalyse wird sich als Werkzeug in das tägliche Doing und die praktische Arbeitsweise des Abschlussprüfers integrieren. Hier gilt es, sich als Abschlussprüfer frühzeitig mit der Thematik auseinanderzusetzen und den Werkzeugkasten entsprechend zu füllen – dergestalt, dass die Werkzeuge skalierbar, wiederholbar und automatisierbar Anwendung finden, um eine effiziente und nachhaltige Prüfung gewährleisten zu können.

Daraus erwächst die Herausforderung der Schaffung einer datenkompetenten Kanzleikultur, die sich nur in einer strategischen Ausrichtung, einer kontinuierlichen Anpassung und einer fortwährend offenen und wandelbaren Denkweise im täglichen Arbeitsablauf etablieren und festigen kann. Es gilt, das Erlernen von Datenkompetenz und das tägliche Anwenden von Datenanalysetools in der Unternehmenskultur zu verankern.

Zukünftig wird man sich fragen müssen, ob für den Abschlussprüfer allein die strukturierte Datenmenge, wie sie sich aus den vergangenheitsorientierten Datenmengen in den ERP-Systemen ergibt, genügt, um sich ein ausreichendes Bild des Unternehmens und seines Geschäftsmodells zu machen und die Prognosen der Geschäftsführung richtig bewerten zu können. Auch die Datenmenge, die der Abschlussprüfer für seine Prüfung und sein Prüfungsurteil zu bewerten hat, orientiert sich an der digitalen Transformation. Er wird nach Ansicht der Autoren in der Lage sein müssen, zukünftig einen Blick über den Tellerrand zu werfen, um auch Informationsmengen außerhalb der Organisation für sich auswertbar zu machen und letztendlich eine datengetriebene dynamische Prüfung durchführen zu können.

Richtet man seinen Blick auf das Whitepaper (Stand Juli 2021) des American Institute of Certified Public Accountants (AICPA)[15] wird bezüglich der gegenwärtig angewandten Methoden der Datenanalyse Folgendes geschrieben: „In den meisten Fällen wurde die IT eingesetzt, um den etablierten Prozess zu computerisieren und effizienter zu gestalten, an-

15 https://competency.aicpa.org/media_resources/208455-reimagining-auditing-in-a-wired-world/detail (abgerufen am 2.7.2021).

statt diesen umzuwandeln oder zu ersetzen. Folglich sind die Verbesserungen eher inkrementell als transformativ." („*For the most part, IT has been used to computerize and improve the efficiency of established processes rather than transform or replace them. Consequently, improvements have been incremental rather than transformative.*")

Vergegenwärtigt man sich diesen Satz, merkt man, dass wir im Moment noch viel Arbeit vor uns haben. Die digitalen Einsatzmöglichkeiten, die bereits im Alltag des Abschlussprüfers Anwendung finden, stellen einen ersten Schritt dar. Es ist noch viel Platz für Verbesserungen und Wandel, um strukturierte, aber auch unstrukturierte Datenmengen sowohl innerhalb als auch außerhalb des Unternehmens zu verwerten.

Es liegen spannende Zeiten vor uns!

# 14 Anhang

## 14.1 Glossar

| | |
|---|---|
| Add-in/Add-on | Hierbei handelt es sich um eine meist optionale Software-Komponente, die eine bestehende Software erweitert bzw. verändert. So haben beispielsweise ERP-Programme meistens auch kleine Analysetools als Add-on integriert. |
| Attribut | Jeder Datensatz wird gewöhnlich in einer Zeile einer Tabelle abgespeichert. Er besteht aus einer Reihe von Attributen, die als Spalten der Tabelle dargestellt werden. Beispiel: Datum, Betrag oder Währung. |
| Benford-Analyse | Die Benford-Analyse untersucht eine mathematische Gesetzmäßigkeit zur Verteilung von führenden Ziffern in Zahlenwerken. Sie besagt: Je niedriger der zahlenmäßige Wert einer Ziffernfolge bestimmter Länge an einer bestimmten Position (erste, zweite, dritte Ziffer ...) einer Zahl ist, desto wahrscheinlicher ist ihr Auftreten. |
| Bewegungsdaten | Bewegungsdaten haben im Vergleich zu Stammdaten keinen langfristigen Charakter, sondern bestimmen eine einzelne Transaktion, die im Kontext eines Geschäftsvorfalls bzw. einer Datenerfassung entsteht. Bewegungsdaten liegen Stammdaten zugrunde, auf die bei der Transaktion und bei Buchung des Geschäftsvorfalls zugegriffen wird. |
| CpD | In der Buchführung bezeichnet man Forderungen- und Verbindlichkeiten-Konten, auf denen Einmalvorgänge abgebildet werden, als CpD-(Conto-pro-Diverse-) Konten. Sinn und Zweck der CpD-Konten ist im Wesentlichen, zeitsparend einmalige Buchungen mit Lieferanten und Kunden abzubilden, die meist nur „kleine" Rechnungsbeträge vorweisen. Im Gegensatz zu gewöhnlichen Kreditoren- und Debitorenkonten werden in den CpD-Konten keine kunden- oder lieferantenspezifischen Stammdaten hinterlegt und zugewiesen. |
| Dashboard | Zunehmend populärer werdende, meist interaktive Darstellungsform im Rahmen der Visualisierung von Datenanalysen. Dabei werden verschiedene Analyseergebnisse auf einem Blatt bzw. einer Bildschirmseite für den Empfänger dargestellt. Meist ist diese Darstellung durch wenige Klicks skalierbar und ermöglicht so eine Echtzeitadjustierung der Bandbreite der Datenanalyse. Dashboards kommen häufig dort zum Einsatz, wo verschiedene Daten in einem engen Zusammenhang zueinander stehen oder erwartbar stehen sollten. Sie eignen sich somit im Rahmen von Prognosemodellen auch für die Simulation von Entwicklungen. Dashboards visualisieren überwiegend quantitative Daten. |
| Data Lakes | Als Data Lakes bezeichnet man die Ablageorte von meistens unstrukturierten Daten. Die Daten werden dort i.d.R. nur chronologisch abgelegt und inhaltlich nicht strukturiert. |

| | |
|---|---|
| Datenexplosion | Mit Datenexplosion umschreibt man das Phänomen, dass mit zunehmender Digitalisierung die Datenmenge exponentiell pro Jahr wächst. |
| Datenkonsistenz | Hierunter versteht man die „In-sich-Richtigkeit“ und „In-sich-Vollständigkeit“ der Daten. Zu Beginn jeder Datenanalyse sollte daher eine Datenkonsistenzprüfung durchgeführt werden. |
| ERP | Enterprise Resource Planning (ERP) bezeichnet die unternehmerische Aufgabe, Ressourcen wie Kapital, Personal, Betriebsmittel, Material und Informations- und Kommunikationstechnik im Sinne des Unternehmenszwecks rechtzeitig und bedarfsgerecht zu planen, zu steuern und zu verwalten. Ein ERP-System ist daher eine Anwendung oder eine Vielzahl miteinander kommunizierender Anwendungssoftware- bzw. IT-Systeme. |
| Gegenkontoanalyse | Es handelt sich hierbei um eine klassische Anwendung von Datenanalysen, bei der zu den Buchungen des Journals die Gegenkonten analysiert werden sollen. Beispielsweise kann das Konto „Umsatzerlöse“ analysiert werden. Erwartet werden grundsätzlich Haben-Buchungen als Umsatz. Soll-Buchungen deuten auf Stornierungen hin. |
| GoBD/GDPdU | Aus den „Grundsätzen zur ordnungsmäßigen Führung und Aufbewahrung von Büchern, Aufzeichnungen und Unterlagen in elektronischer Form sowie zum Datenzugriff (GoBD)“ geht die Verpflichtung hervor, Datenzugriffs- und Datenauswertungsmöglichkeiten der Finanzverwaltung im Rahmen von Außenprüfungen zu gewährleisten. Die GDPdU wurden am 1. Januar 2015 von den GoBD abgelöst, die die GDPdU und die GoBS zusammenführten. Dennoch ist in der Praxis für den Datensatz noch immer der Begriff GDPdU-Datenextrakt geläufig. |
| IoT | Internet of Things (IoT) ist ein Sammelbegriff für Technologien und Prozesse, die es ermöglichen, physische und virtuelle Objekte miteinander zu vernetzen und sie durch Informations- und Kommunikationstechniken zusammenarbeiten zu lassen. |
| JET | Durch Journal Entry Tests (JET) lassen sich Transaktionsdaten zielgerichtet analysieren. Ziel ist es, mittels Datenanalyse auffällige Journaleinträge zu identifizieren, die Unregelmäßigkeiten im Jahresabschluss darstellen können. |
| Massentransaktionen | Geschäftsvorfälle, bei denen ein sehr hohes Volumen an Datensätzen meist IT-gestützt verarbeitet wird. |
| Maverick Buy | Von einem Maverick Buy spricht man im Beschaffungsprozess, wenn Beschaffungen nicht im Rahmen des standardisierten Prozesses stattfinden. Das kann zum Beispiel gegeben sein, wenn Fachabteilungen ohne Einbindung der Einkaufsabteilung Aufträge vergeben oder Materialen bzw. Dienstleistungen einkaufen. |

| | |
|---|---|
| Migration (Datenmigration) | Bei einer (Daten-)Migration wird beispielsweise die bestehende Buchhaltung von einem ERP-System auf ein neues ERP-System übertragen. Dabei ist sicherzustellen, dass die Daten vollständig, richtig und unverändert übertragen werden. |
| Pivot-Auswertung | Eine Pivot-Auswertung ist eine Möglichkeit, Daten, die in Tabellenform vorliegen, strukturiert auszuwerten. Dabei werden die Ursprungsdaten so zusammengefasst, dass die auszuwertende Eigenschaft entsprechend dargestellt wird. |
| Pseudonymisierung | Dies ist eine Vorgabe aus dem Datenschutz zur Verarbeitung personenbezogener Daten und besagt, dass die personenbezogenen Daten in einer Weise, durch die sie ohne Hinzuziehung zusätzlicher Informationen nicht mehr einer spezifischen betroffenen Person zugeordnet werden können, verarbeitet werden müssen. Diese zusätzlichen Informationen müssen gesondert aufbewahrt werden und technischen und organisatorischen Maßnahmen unterliegen, die gewährleisten, dass die personenbezogenen Daten nicht einer identifizierten oder identifizierbaren natürlichen Person zugewiesen werden. |
| Regressionsanalyse | Die Regressionsanalyse zeigt die Relationen zwischen verschiedenen Variablen. |
| RPA | Als Robotic Process Automation (RPA) bezeichnet man die zunehmende Automatisierung von Geschäftsprozessen, die bisher ganz oder teilweise manuell durchgeführt wurden. |
| Stammdaten | Stammdaten sind Dateninhalte, die in einem Datenbankmodell fortwährend verwendet werden und einen statischen Charakter haben. |
| XML-Format/ XML-Datei | Ein bestimmtes textbasiertes Datenformat. Wird unter anderem im GoBD-(GDPdU-)Datensatz genutzt. |

## 14.2 Standards

### 14.2.1 IDW Verlautbarungen

- IDW PS 200, Ziele und allgemeine Grundsätze der Durchführung von Abschlussprüfungen, Stand: 03.06.2015, Quelle: www.idw.de
- IDW PS 210, Zur Aufdeckung von Unregelmäßigkeiten im Rahmen der Abschlussprüfung Stand: 12.12.2012, Quelle: www.idw.de
- IDW PS 261 n.F., Feststellung und Beurteilung von Fehlerrisiken und Reaktionen des Abschlussprüfers auf die beurteilten Fehlerrisiken, Stand: 15.09.2017, Quelle: www.idw.de
- IDW PS 300 n.F., Prüfungsnachweise im Rahmen der Abschlussprüfung, Stand: 14.06.2016, Quelle: www.idw.de
- IDW PS 330, Abschlussprüfung bei Einsatz von Informationstechnologie, Stand: 24.09.2002, Quelle: www.idw.de

- IDW PS 880, Die Prüfung von Softwareprodukten, Stand: 11.03.2010, Quelle: www.idw.de
- IDW PH 9.330.3, Einsatz von Datenanalysen im Rahmen der Abschlussprüfung, Stand: 15.10.2010, Quelle: www.idw.de

### 14.2.2 BMF-Schreiben

- Grundsätze zur ordnungsmäßigen Führung und Aufbewahrung von Büchern, Aufzeichnungen und Unterlagen in elektronischer Form sowie zum Datenzugriff (GoBD) vom 28.11.2019

### 14.2.3 ISA Standards

- ISA 230 – Audit Documentation, Quelle: ifac.org
- ISA 240 – The auditor's Responsibilities Relating to Fraud in an Audit of Financial Statements, Quelle: ifac.org
- ISA 315 – Identifying and Assessing the Risks of Material Misstatement through Understanding the Entity and Its Environment, Quelle: ifac.org
- ISA 500 (rev. 2009) – Audit Evidence, Quelle: ifac.org

# Stichwortverzeichnis